지식보관소의
외계행성 이야기

지식보관소의 외계행성 이야기

초판 1쇄 발행 2020년 9월 1일
초판 2쇄 발행 2021년 6월 25일

지은이·지식보관소
발행인·안유석
책임편집·고병찬
마케팅·구준모
디자인·오성민
펴낸곳·처음북스
출판등록·2011년 1월 12일 제2011-000009호
주소·서울특별시 강남구 테헤란로2길 27, 패스트파이브빌딩 12F
전화·070-7018-8812 팩스·02-6280-3032
이메일·cheombooks@cheom.net
인스타그램·@cheombooks
홈페이지·www.cheombooks.net
페이스북·www.facebook.com/cheombooks
ISBN·979-11-7022-206-4 03440

지식보관소의
외계행성
이야기

지식보관소 지음

처음북스

CONTENTS

1. 골디락스 존
행성이 모항성과 적당한 거리에 떨어져 있어 물과 생명체가 존재할 수 있는 구역을 말한다. 지구는 태양으로부터 약 1억 5천만 킬로미터 떨어져 있는데, 이 거리에서 받는 태양에너지가 적당해서 물이 액체로 존재할 수 있다. 만약 이 거리보다 태양에 가까워지면 물이 증발하고 멀어지면 얼게 된다.

2. 빛의 스펙트럼
태양 빛을 프리즘(분광기)에 통과시키면 무지개처럼 다양한 색으로 나뉘는데, 이 색이 나열된 선을 스펙트럼이라고 한다. 이를 분석하면 빛을 내는 물질의 조성과 구조를 알 수 있다.

3. 도플러 효과
자동차가 다가올 때의 소리와 멀어질 때의 소리가 다르게 들리는 것은 파장이 변하기 때문이다. 마찬가지로 빛을 포함한 전자기파는 우리와 가까워지고 있을 때와 멀어지고 있을 때 파장이 변하는데 이를 도플러 효과라고 한다.

4. 주계열성
별의 표면온도와 광도 사이의 상관관계를 나타내는 헤르츠스프룽-러셀 도표에서 주계열 main sequence에 위치한 별이다. 항성의 진화 과정에서 가장 긴 시간을 차지하는 단계이며, 인간으로 치면 청년~중장년 시기로 볼 수 있다.

5. 조석 고정
어떤 천체가 자신보다 질량이 큰 천체를 공전 및 자전할 때 공전주기와 자전주기가 일치하는 경우를 말한다. 지구에서 달을 볼 때, 항상 같은 면만 보이는 이유도 달보다 지구의 질량이 크기 때문이다.

6. 암석형(지구형) 행성
태양계에서 수성, 금성, 지구, 화성은 표면이 암석으로 구성되어 있다. 이를 암석형 행성 혹은 지구형 행성이라고 부른다.

7. 가스형(목성형) 행성
태양계에서 목성, 토성, 천왕성, 해왕성은 모두 기체로 이루어져 있다. 인간은 발을 디딜 땅조차 없는 것이다. 이런 행성들을 가스형 행성 혹은 목성형 행성이라고 부른다.

8. 시선속도법

우주에서 외계행성을 찾을 때 도플러 효과를 이용해서 찾는 방법이다. 지구에서 관측했을 때 외계행성의 중력에 의해서 항성이 흔들리면 도플러 효과에 의해 항성 빛의 스펙트럼이 아주 미세하게 변한다. 이 스펙트럼이 일정 간격을 두고 변하면 그 항성을 돌고 있는 외계 행성이 있다는 것을 밝혀낼 수 있다.

9. 통과관측법

항성 앞으로 외계행성이 지나갈 경우 항성의 빛을 막으면서 살짝 어두워지게 된다. 이렇게 항성이 일정 주기로 어두워지는 것을 이용해서 항성 주변에 외계행성이 있다는 것을 알아내는 방법이다.

10. 분광형

항성의 밝기에 따라서 분류하는 방법이다. O-B-A-F-G-K-M 순으로 O쪽에 가까울수록 크고 뜨거운 별, M쪽에 가까울수록 작고 차가운 별이다. 여기서 세분화해 뒤에 숫자를 붙이는데, 숫자는 0에 가까울수록 밝다. 예를 들어 태양은 분광형 G2 항성이다.

11. AU(Astronomical Unit)

우주에서 거리를 나타내는 단위다. 1AU는 지구에서 태양까지의 거리로 약 1억 5천만 킬로미터다. 만약 100AU 거리에서 어떤 천체가 발견되었다는 뉴스가 나온다면 지구에서 태양까지의 거리보다 100배나 먼 곳에서 발견되었다는 뜻이다.

12. 파섹(parsec)

우주에서 거리를 나타내는 단위로, 1파섹은 3.2616광년이다.

13. 적색편이

도플러 효과에 의해서 별이 지구로부터 멀어질수록 스펙트럼이 적색으로 치우쳐 보이게 된다. 멀리 떨어진 천체를 관측할수록 적색으로 보이는 경향이 심해지는데 이런 현상을 적색편이라고 한다.

프롤로그

밤하늘의 별들을 보다 보면 왠지 그곳으로 빨려 들어갈 것만 같은 마력을 느낀다. 물론 지금은 도시에서 별을 보기 쉽진 않지만 가끔 밤하늘에 별이 보이면 아직도 이따금씩 가만히 쳐다보게 된다.

나는 어릴 때부터 우주에 관심이 많았다. 밤하늘에서 잘 보이는 별자리로는 북두칠성이 있었는데, 이 북두칠성을 찾으면 북극성을 찾을 수 있었다. 그리고 북극성을 찾으면 나침반 없이도 동서남북 방위를 알 수 있었다. 지금이야 스마트폰만 있으면 방위를 쉽게 알 수 있지만, 20년 전만 해도 그렇지 못했었다. 하지만 나침반 등 손에 이렇다 할 도구가 없어도 밤에는 별자리만 볼 수 있으면 길을 잃어도 어느 방향으로 가면 집에 갈 수 있는지 알 수 있었다. 보이스카우트 때 배웠던 아주 유용한 기술이었다.

살아오면서 별을 가장 많이 봤던 곳은 군대였다. 군대는 도시에서 떨어져 있고 공기가 맑아서 별이 더 잘 보인다. 야간 행군할 때나 초소 경계를 설 때면 특히 더 많이 봤다. 가끔씩 별똥별을 보게 될 때면 소원을 빌곤 했는데 기껏해야 '무사히 전역하게 해주세요' 정도였다.

재미있는 건 어릴 때나 성인이 되고 나서나 별을 볼 때면 드는 생각은 같았다는 것이다.

'저 별에도 지구 같은 행성이 있을까?'

'내가 저 별을 올려다보는 것처럼 저 별에서도 우리 별을 올려다보진 않을까?'

나뿐만 아니라 인류는 오랫동안 이 답을 찾기 위해 고민해왔다.

우주에 우리는 혼자인가?

이 질문은 아직까지 인류가 풀지 못한 숙제이자 언젠가는 해답을 찾을 문제라고 생각한다. 이 질문의 답을 찾기 위해서는 우선 찾아야 할 존재가 있다. 바로 외계행성이다.

1980년대까지만 하더라도 외계행성에 관한 이야기는 과학계에서 금기사항이었다. 외계행성을 발견하는 건 공상과학 소설에서나 가능하다고 여겨졌기 때문이었다. 태양과 지구의 관계만 생각해봐도 외계행성을 찾는 게 얼마나 어려운지 알 수 있다.

태양은 지구보다 부피가 약 백만 배나 크다. 태양계는 곧 태양이라고 불러도 될 정도로 태양계 대부분의 질량을 이루고 있는 것이 바로 태양이다. 태양계 총 질량의 99.84% 이상이 태양으로 이뤄져 있기 때문이다.

상상 속 외계행성의 모습

재미있는 점은 이렇게 큰 태양도 우주에서 존재하는 다른 별에서 바라
보면 하나의 작은 점으로 보이기도 한다는 것이다.

따라서 만약 이 우주에 외계인이 존재한다고 해도 외계인이 태양계
속 지구를 찾는 건 정말 쉽지 않을 것이다. 우주의 다른 별에서 망원경
으로 지구를 찾는다는 건 자동차 헤드라이트 앞에 날아다니는 초파리

를 찾는 것보다 훨씬 어려운 일이기 때문이다.

　같은 이유로 지구에서 외계행성을 발견하는 건 불가능하다는 생각이 오랜 시간 지배적이었는데, 이것은 1990년대에 들어와서 완전히 깨져버렸다. 1995년, 미셸 마요르와 디디에 쿠엘로 연구팀이 천재적인 아이디어로 세계 최초로 외계행성이 존재한다는 증거를 찾아낸 것이다.

　이들은 그 공로를 인정받아 2019년 노벨 물리학상을 수상했다. 1995년 이전까진 단 한 개의 외계행성도 발견하지 못했던 인류는 그 이후 수천 개의 외계행성을 발견했고, 그 속도는 매년 기하급수적으로 증가하고 있다.

　이제 외계행성은 단순히 상상 속의 영역이 아닌 과학의 영역으로 진입했다. 이 책을 읽고 있는 독자들의 대부분은 어쩌면 살아 있는 동안 우주에서 외계생명체의 증거를 찾아냈다는 뉴스를 듣게 될 수도 있을 것이다.

　혹시나 이 책을 읽은 독자들이 외계행성에 대한 호기심이 커져 나중에 새로운 외계행성이나 외계생명체 발견에 기여를 하게 된다면 나로서는 더 이상 바랄 게 없을 것 같다.

밤하늘에 보이는 은하수

1장

외계행성이란
무엇인가?

태양계의 행성과 태양의 크기

뉴턴의 만유인력 법칙을 통해 우리는 우주에 존재하는 질량을 가진 모든 물체 사이에는 서로를 끌어당기는 중력이 작용한다는 사실을 알게 되었다. 중력은 물체의 질량이 클수록 강해지는데, 특별히 지구상의 모든 물체는 지구 중력의 영향을 받는다. 그래서 사과가 나무에서 떨어지고, 롯데월드의 자이로드롭이라는 놀이 기구도 아래로 떨어지는 것이다. 또한 달이 지구를 돌고 있는 것과 지구가 태양을 돌고 있는 것도 모두 중력 때문이다.

태양은 우리 인간의 관점에서는 상상도 할 수 없을 정도로 매우 큰 존재다. 우리 눈에는 달과 태양이 비슷한 크기처럼 보이지만 실제로는 태양이 달보다 비교할 수 없을 정도로 크다. 놀랍게도 태양의 부피는 달보다 무려 5천만 배나 크고, 지구보다는 백만 배 이상 크다. 또한 부

태양계 행성들(실제 크기와는 다름)

피가 큰 만큼 질량도 매우 커서 우리가 살고 있는 지구도 태양이 잡아
당기는 중력에서 벗어날 수 없다.

지구는 태양계에 속해 있다. 지구뿐 아니라 태양의 반경 1광년(약 9조
4,600억 킬로미터)에 존재하는 모든 물체가 어마어마한 태양의 중력 범위
안에 속해 있는데, 이렇게 태양 중력에 붙잡혀 있는 물체들 중에서 안
정적으로 태양을 돌고 있으며 충분히 크기가 커서 구형의 형태를 유지
하고 있는 물체들을 행성이라고 부른다. 만약 똑같이 태양을 돌고 있지
만 그 크기가 너무 작거나, 명왕성처럼 너무 멀리서 태양을 공전하고
있는 경우에는 소행성이나 왜소행성으로 불리게 된다.

재미있는 건 이렇게 많은 행성이나 소행성들의 질량을 모두 합쳐도
압도적으로 많은 질량을 차지하는 건 여전히 태양이라는 것이다. 태양
계 질량의 99% 이상을 독차지하고 있는 태양 덕분에 태양계의 모든 행
성들이 안정적으로 태양을 공전할 수 있는 것이다.

골디락스 존

지구의 경우 태양으로부터 약 1억 5천만 킬로미터 떨어진 거리에서 안정적으로 공전하고 있다. 이 거리가 좋은 것은 물이 액체 상태로 존재할 수 있는 위치이기 때문이다.

만약 지구의 위치가 금성보다 가까웠다면 모든 물은 다 증발해버렸을 것이고, 화성보다 멀었다면 모두 꽁꽁 얼어버렸을 것이다. 그런 점에서 태양계에서 지구의 위치는 매우 중요하다. 예를 들면 수학여행을 가서 캠프파이어를 할 때 불에 가까우면 너무 덥고 멀면 너무 춥기 때문에 적당한 거리에 있어야 하는 것과 같은 이치다. 지구는 태양이라는 불로부터 딱 적당한 거리에 있는 것이다.

이렇게 모항성으로부터 너무 덥지도 않고 춥지도 않은 적당한 거리를 유지하고 있어 온도가 적정하고 물이 있어 생명체가 살 수 있을 만한 지대를 일명 골디락스 존Goldilocks zone이라고 부른다. 태양을 기준으로

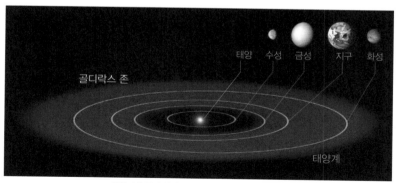

태양계에 물이 액체로 존재할 수 있는 골디락스 존

이 골디락스 존에 있다면 태양으로부터 살기 적당한 정도의 에너지를 받게 된다. 따라서 우리가 태양계에서 지구 외에 이주해서 살기 좋은 다른 행성을 찾으려면 이 골디락스 존에 있는 행성을 찾아야 한다.

　태양계의 경우 골디락스 존에 있는 행성으로는 지구 외에 금성과 화성이 있다. 금성은 골디락스 존 끝에 아슬아슬하게 걸쳐 있지만 아쉽게도 너무나 두꺼운 대기를 가지고 있는 데다가 대기의 대부분이 온난화를 일으키는 주범인 이산화탄소 등의 온실가스로 이루어져 있어서 실제로는 무척 뜨거운 행성이 되어 버렸다. 우리가 지구 온난화를 경계해야 하는 이유는 금성만 봐도 알 수 있다. 금성은 온실효과만 아니면 섭씨 30도 정도의 온도를 지녔을 텐데, 과한 온난화로 인해 실제 온도는 무려 섭씨 450도에 달한다. 당연히 이런 환경에서 우리는 살 수 없다.

　그럼 화성은 어떨까? 그나마 태양계에 있는 행성들 중에서 인류가 정착해서 살 수 있는 가능성이 있는 곳은 화성이 유일하다. 하지만 화성은 금성과는 반대의 단점이 존재한다. 화성의 대기압은 지구의 150분의 1 수준으로 대기가 너무 없어서 온실효과가 거의 나타나지 않는다. 지구의 경우만 해도 온실효과로 실제 온도가 30도 이상 올라가는 효과가 있고 이 덕분에 적당한 온도를 지닐 수 있는데 화성은 그렇지 못하므로 너무 추운 것이다. 화성에 대기가 없는 이유는 여러 가지가 있는데, 가장 큰 요인은 지구의 3분의 1밖에 안 되는 크기 때문이다. 대기를 잡아두기에는 중력이 약해서 공기가 대부분 우주로 날아가 버렸고, 그 결과 온실효과의 부재로 인해 현재처럼 추워졌다고 과학자들은 보고 있다.

이 외의 다른 행성들은 인간이 거주하기에 부적합하다. 금성보다 태양에 더 가까운 수성은 태양과 너무 가까워서 뜨거운 데다 대기도 없고, 우주복을 입어도 태양 방사선 피폭으로 죽을 것이다. 소행성이나 왜소행성은 인간이 거주하기에는 크기도 작은 데다가 자원이 너무 적다. 목성이나 토성의 위성도 있지만 태양으로부터 거리가 멀어서 생존에 적합한 행성이 아니다. 결국 태양의 크기와 에너지 조건에서는 지구가 가장 살기에 적합하고, 그나마 간신히 거주 가능성이 생길 수 있는 행성은 화성 정도가 될 것이다. 그렇기 때문에 현재 수많은 태양계 행성 탐사가 화성에 주목하고 있는 것이다.

하지만 이렇게 광활한 우주에서 화성만이 인간이 거주할 수 있는 유일한 행성이라면 너무 슬플 것이다. 그래서 우리는 수많은 SF 매체들을 통해서 영화 〈스타워즈〉에 나오는 타투인 행성이나 〈아바타〉에 나오는 판도라 행성 같은, 지구와 다른 새로운 세상을 상상하게 된다. 그런 세상은 그저 상상이 아니라 우리가 올려다보는 저 하늘에 실제 존재할지도 모른다. 어쩌면 우리가 모를 뿐 이미 관측했을 수도 있다.

밤하늘 별빛으로 만들어진 강, 은하수

요즘 도시에서는 밤하늘을 올려다봐도 지상의 밝은 불빛들과 안 좋은 대기질의 영향으로 많은 별들을 볼 수 없다. 하지만 텔레비전이나 유튜브 같은 영상매체를 통해서 밤하늘을 수놓은 은하수를 보게 되면 그 아름다운 모습이 경이롭기까지 하다. 고대의 사람들은 이렇게 캄캄한 밤하늘에서 별빛으로 이어진 은하수를 보면서 밤하늘에 강이 흐르고 있다고 생각했던 것 같다.

은하수는 순우리말로는 '미리내'라고 부르고 한자로는 '銀河水'라고 쓴다. 한자 뜻을 해석해보면 하늘의 강이라는 뜻으로, 옛날 사람들이 보기엔 밤하늘에 남북으로 길게 이어진 흐르는 강물처럼 보였던 것 같다. 밤하늘에 별빛으로 흐르는 강이라니 뭔가 귀여운 느낌이다.

은하수의 모습

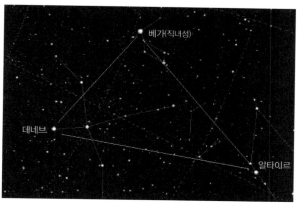

여름에 북반구에서 잘 보이는 3개의 별들. 여름철 대삼각형이라고 불린다.

전래동화 『견우와 직녀』에도 은하수가 등장한다. 하늘나라에서 베를 짜는 직녀와 소를 돌보는 견우가 서로 만나 사랑에 빠지게 된다. 둘은 사랑놀음에 빠져 본업을 소홀히 하게 되었고, 결국 옥황상제의 노여움을 사 은하수를 사이에 두고 멀리 떨어지게 되었다. 대신 음력 7월 7일 단 하루만 만날 수 있게 되었는데, 그래서 이날만 되면 견우와 직녀의 눈물로 인해 많은 비가 내리게 되었다는 슬픈 이야기다.

재미있는 건 동화에 나오는 직녀성은 베가Vega라고 불리는 별로, 지구로부터 약 25광년 떨어져 있는 비교적 가까운 별이다. 육안으로도 매우 잘 보이고 은하수 옆에 있다 보니 이렇게 전래동화의 주인공으로도 등장하게 된 것 같다. 하지만 동화처럼 견우와 직녀가 은하수를 건너지 못할 이유는 없다. 우리 눈에는 견우와 직녀 사이에 바로 은하수가 가로막고 있는 것처럼 보이지만 실제로 은하의 중심까지는 약 2만 6천 광년이나 떨어져 있기 때문이다. 갑자기 이 무슨 동심 파괴인가 싶겠지만, 중요한 건 은하수가 직녀성이나 견우성과는 비교도 안 될 정도로 멀리 떨어진 별빛들이 모여서 만들어낸 작품이라는 점이다.

은하수는 반짝이는 강물처럼 보이지만 우리 은하에 있는 별들이 모여서 만들어 낸 아름다운 별빛들이다. 이 아름다운 별빛들을 만들어내는 별의 숫자는 무려 약 4천억 개로 추정된다. 4천억이라니 정말 감도 잡히지 않는 숫자인데, 더 놀라운 건 여기에 지구나 금성, 화성 같은 행성은 포함되지 않는다는 것이다. 오로지 태양처럼 빛을 내는 항성(恒星)만 포함된다. 밤하늘을 그냥 눈으로 볼 때는 태양계 행성인 목성이나 눈에 잘 보이는 항성인 시리우스나 거기서 거기인 것 같지만 전혀 다르다. 아무튼 우리 은하에는 태양처럼 스스로 빛을 내는 항성만 최소 4천억 개가 존재하는 셈이다.

안드로메다은하의 발견과 우주의 크기

우주에는 우리 은하만 존재하는 것이 아니다. 많은 사람들이 알고 있는 가장 유명한 은하계는 아마 안드로메다 은하계일 것이다. 안드로메다은하는 우리 은하에서 가장 가까운 대형 은하라는 것도 중요하지만 우주의 크기에 대한 우리의 생각을 완전히 바꿔버렸다는 점에서 더 큰 의미를 가진다. 안드로메다은하 발견 전까지만 해도 인류는 우리 은하가 우주의 전부인 줄 알았다. 그도 그럴 것이 우리 은하에만 4천억 개의 항성이 있는 만큼 우주의 전부라고 하더라도 전혀 이상하지 않을 정도로 매우 크기 때문이다. 그래서 1900년 이전까지만 하더라도 안드로메다는 우리 은하 내에 존재하는 성운으로 여겨졌었다. 하지만 이후 안드로메다은하에서 세페이드 변광성이 발견되면서 안드로메다까지의 거리를 알 수 있게 되어, 안드로메다가 우리 은하 내의 그 어떤 별보다 멀리 떨어져 있다는 게 밝혀졌다. 그로 인해 안드로메다가 우리 은하처럼 무수히 많은 별들이 모인 대형 은하라는 사실을 알 수 있게 되었다.

안드로메다은하의 발견으로 인류가 알고 있는 우주의 크기는 실로 어마어마하게 커졌다. 기존에 그냥 별이라고 생각했던 천체들 중 일부는 실제로 엄청 멀리 떨어진 곳에서 은하를 이루는 수천만 개의 별들에 속하는 것들도 있었던 것이다.

현재는 우리가 관측 가능한 우주observable universe에만 최소 수백억 개에서 천억 개에 달하는 은하가 존재하는 것으로 파악된다. 우리 은하에 항성만 4천억 개 이상임을 고려해보면 대체 이 우주에 얼마나 많은 태양이 존재하는지 생각하기도 힘들 정도로 우주는 매우 넓다. 그리고 우리는 너무나 작은 존재다.

태양계에 있는 모든 행성과 소행성들을 중력으로 묶고 있는 태양은 지구보다 부피가 백만 배 이상 큰 어마어마한 크기의 천체다. 이렇게 큰 천체는 내부의 열과 압력이 엄청나서 내부에 존재하는 수소 원자들 간에 핵융합이라는 현상이 일어나게 된다. 간단히 말해 우주에 존재하는 원자력 발전소인 셈인데, 이런 강력한 발전소인 태양이 우리 은하에만 최대 4천억 개에 달한다는 것이다.

하지만 앞서 말한 것처럼 태양계에서 태양에너지가 적당히 공급되어 인간이 살 수 있는 행성은 지구가 유일하다. 과학기술을 최대한 동원해서 극복한다고 해도 화성 정도까지만 살아갈 만하다. 따라서 지구 외에 우리가 살아가기에 적당한 행성을 찾기 위해서는 태양이라는 에너지원 외에 우리 은하에 존재하는 4천억 개의 다른 발전소를 찾아야 하는 것이다.

결국 태양계를 벗어나 다른 항성계에 존재하는 행성을 찾아야 한다. 태양계 밖 행성, 이것을 '외계(外界)행성'이라고 부른다.

우주에 존재하는 항성과 외계행성의 상상도

2장

외계행성 발견이
어려운 이유

2019년 노벨 물리학상을 안겨준 외계행성

2019년 노벨 물리학상은 제임스 피블스James Peebles와 미셸 마요르Michel Mayor, 디디에 쿠엘로Didier Queloz가 수상했다. 제임스 피블스는 빅뱅 직후 우주의 진화와 그에 대한 물리적 현상을 연구한 공로로, 미셸 마요르와 디디에 쿠엘로는 세계 최초의 외계행성을 발견한 공로로 노벨상을 받았다. 미셸 마요르 연구팀이 외계행성을 발견한 1995년 전까지만 해도 인류는 단 한 개의 외계행성도 발견하지 못한 상황이었다. 그렇다면 대체 미셸 마요르 팀은 어떻게 외계행성을 발견할 수 있었던 것일까?

미셸 마요르 팀이 주목한 것은 아무리 좋은 망원경으로 봐도 찾기 힘든 외계행성이 아니라 망원경으로 쉽게 관측이 가능한 항성이었다. 뉴턴의 만유인력에 의하면 우주에 존재하는 모든 물질은 서로의 질량 중심으로 끌어당기게 된다. 여기서 중요한 점은 서로가 서로를 끌어당긴 다는 부분이다.

우리가 흔히 하는 오해는 지구가 태양을 돌고 있다는 것이다. 그러나 사실 지구와 태양은 서로의 질량 중심점으로 떨어지고 있다. 물론 이 경우에 태양이 지구보다 훨씬 무겁기 때문에 질량 중심점이 태양에 한 없이 가까워 지구가 태양을 일방적으로 돌고 있는 것처럼 보인다. 하지 만 지구 대신 목성과 태양의 관계를 생각하면 이야기는 달라진다. 행성 이 별 주변을 공전하면 별도 조금씩 흔들리게 되는데, 목성은 지구보다 훨씬 크기 때문에 태양도 흔들리게 된다. 정확히는 목성과 태양이 서로 의 질량 중심점으로 떨어지고 있는 것이지만 겉으로 볼 때 태양은 흔들 리는 것이다.

만약 태양계에서 가장 가까운 별인 알파 센타우리 항성계에서 태양 을 관측한다면 인간의 기술로는 여전히 지구나 목성을 볼 수 없다. 하 지만 목성에 의해 태양이 흔들리고 있다는 사실은 인내심을 가지고 관 측한다면 알 수 있다. 물론 목성의 공전주기는 12년이기 때문에 알파 센타우리 항성계에서 관측을 통해 태양을 돌고 있는 행성이 있다는 걸 발견하려면 꽤 오랜 인내심을 가지고 태양의 위치를 계속 정밀하게 기 록해야 할 것이다. 이는 분명 쉽지 않은 일이다.

또한 태양 같은 항성 주변을 지금의 목성보다 훨씬 가까운 거리에서 목성보다 거대한 행성이 공전하고 있다면, 우리가 그 현상을 목격하는 것은 가능한 일이다. 미셸 마요르와 디디에 쿠엘로 연구팀은 바로 이런 항성을 찾아낸 것이다. 이렇게 말하면 그냥 흔들리는 별을 찾으면 될 것 같아 보이지만 실제로는 멀리 떨어진 별이 흔들리는 현상을 관측하기란 불가능에 가깝다. 그래서 그들은 기발한 아이디어를 생각해내게 된다.

미셀 마요르와 디디에 쿠엘로는 지구로부터 50.5광년 정도 떨어진 페가수스자리에 있는 별 중 하나에서 스펙트럼의 변화가 나타나는 점에 주목했다. 밤하늘에 있는 천체들은 우리로부터 가까워지거나 멀어질 때 일종의 스펙트럼이 변화하게 되는데, 이는 도로에서 자동차가 우리 옆을 쌩하고 지나갈 때 들리는 소리를 생각하면 이해하기 쉽다.

자동차는 우리와 가까워질 때까지 '부우우웅~' 소리를 내면서 다가오고 멀어질 때 '우우우웅~' 하면서 지나가는데, 가까워질 때 들리는 소리와 멀어질 때 들리는 소리가 다르다. 이것은 소리의 파장이 우리와 가까워질 때는 짧아지고 멀어질 때는 길게 늘어지면서 나타나는 현상으로, 빛의 파장에서도 마찬가지로 일어난다.

외계행성을 발견하게 해준 도플러 효과

빛의 스펙트럼은 파장이 짧아질수록 자색(보라색)에 가까워지고 길어질수록 적색(빨간색)에 가까워진다. 이것을 '도플러 효과'라고 부른다. 우리가 살고 있는 우주는 계속해서 팽창하고 있기 때문에, 우리로부터 멀리 떨어진 은하들은 계속 멀어지고 있고,

우리가 관측하기엔 멀리 떨어진 은하들이 모두 적색인 것처럼 보인다. 이것을 '적색편이'라고 부른다. 미셸 마요르와 디디에 쿠엘로 연구팀은 페가수스 51이라는 별에서 이런 스펙트럼의 변화를 찾아낸 것이다.

하지만 별에서 밝기나 스펙트럼이 변화하는 요인에는 다른 이유가 있을 수 있다. 그래서 연구진은 페가수스 51에서 일어나는 스펙트럼의 변화가 어떠한 규칙을 가지고 주기적으로 일어나는지 파악할 필요가 있었다. 별의 스펙트럼 변화가 다른 외부 요인에 의해서 나타나는 간헐적인 현상이라면 의미가 없었다. 연구팀은 엘로디ELODIE 분광사진기를 통해 별의 스펙트럼 변화를 측정했는데 이 장치는 초속 70미터로 변하는 스펙트럼을 감지할 수 있었다.

관측 결과 페가수스 51의 경우는 스펙트럼으로 볼 때 분명히 흔들리고 있었다. 그것도 지속적으로 확실하게 흔들리고 있었는데 그 흔들리는 주기가 문제였다. 엘로디 분광사진기를 통해 밝혀진 자료에 의하면 페가수스자리 51의 경우에는 4.2일을 주기로 빠르게 흔들리고 있었던 것이다. 분명히 이 별 주변에 있는, 우리 눈에 보이지 않는 커다란 무언가가 이 별을 크게 흔들고 있었다. 연구팀의 이 자료는 1995년 10월 〈네이처〉 378호 355페이지에 정식 게재되었고, 우리 눈에 보이지 않는 최초의 외계행성은 페가수스자리 51b라는 명칭을 얻게 되었다. 그리고 연구팀은 2019년 이 공로로 노벨상을 받게 된다.

이처럼 외계행성은 망원경으로 직접 관측이 사실상 불가능하기 때문에 발견하기가 굉장히 어렵다. 그런데 이렇게 직접 관측조차 힘든 외계행성을 과학자들은 대체 어떻게 연구하는 걸까?

　가끔 인터넷을 보다 보면 신비하게 생긴 우주 행성 사진과 함께 'xx광년 거리에서 지구형 행성 관측' 등과 같은 타이틀이 달린 뉴스를 본 적이 있을 것이다. 뉴스에서 나오는 행성 사진이 너무나 아름다워서 빨리 과학 기술이 발달해 그 행성으로 가서 실제로 보고 싶다는 생각을 하게 될 때가 있다. 하지만 아쉽게도 현재 기술이나 가까운 미래 기술로도 우리가 그런 외계행성으로 갈 수 있을 가능성은 희박하다. 가장 큰 이유는 거리인데 지구에서 가깝다고 하는 외계행성들도 대부분 수십 광년 이상 떨어져 있다. 물론 지구에서 우리 은하 중심까지의 거리가 2만 6천 광년 정도 된다는 점을 고려하면 수십 광년 거리의 외계행성은 굉장히 가까운 편에 속하는 건 사실이다. 하지만 은하의 크기에 비해 상대적으로 가깝든 멀든 이런 외계행성을 직접 관측하는 건 거의 불가능하다.

　그렇다면 뉴스에서는 어떻게 외계행성의 환상적인 사진을 보여주는 것일까? 사실 뉴스에서 보여주는 사진들은 전부 컴퓨터 그래픽으로 합성해서 만들어낸 사진이긴 하다. 하지만 그런 상상도가 그저 허무맹랑한 소리만은 아니다. 과학적인 추론을 통해서 직접 관측을 하지 않고도 외계행성의 실제 모습을 어느 정도 추정할 수 있기 때문이다.

아름다운 외계행성의 상상도

최초로 발견된 외계행성은 어떤 모습이었을까?

1995년 미셸 마요르 연구팀의 관측 자료에 따르면, 페가수스자리 51b는 항성과 엄청나게 가까운 거리에서 공전하고 있었다. 우리가 이때까지 알고 있던 유일한 항성계는 태양계 밖에 없었는데, 태양계에서 가장 가까운 수성도 88일(87.97일)마다 태양을 한 번씩 공전한다. 이 점을 생각하면 페가수스자리 51을 4.2일마다 한 바퀴 공전하는 페가수스자리 51b의 공전주기는 너무나 이상했다.

케플러의 법칙은 행성의 운동을 알 수 있는 3가지 법칙으로, 그중 제3법칙에 의하면 행성의 공전주기의 제곱은 행성의 공전주기의 긴 반지름의 세제곱에 비례한다. 이 법칙을 통해 우리는 페가수스자리 51b를 직접 관측하지 않고도 별빛의 스펙트럼 변화만 가지고 알아낸 공전주기를 통해서 외계행성이 모항성으로부터 얼마나 가까운 거리에서 공전하는지 알 수 있다. 계산 결과 페가수스자리 51b는 수성의 거의 10배 가까운 거리에서 항성을 공전하고 있었다.

만약 이렇게 가까운 거리에서 행성이 공전하게 되면 어떻게 될까? 가장 가까운 거리에서 태양을 돌고 있는 수성을 살펴보면 지구에서는 전혀 볼 수 없는 특이한 현상들이 관측된다.

우선 수성의 온도는 낮에는 섭씨 350도 이상으로 치솟고 밤에는 영하 170도 이하까지 떨어지는 것으로 알려져 있다. 이런 극단적인 일교차가 나타나는 이유는 수성에 대기가 없기 때문인데, 지구에서는 태양 에너지로 인해 생기는 밤과 낮의 온도 차이가 대기로 인해서 어느 정도 적절한 온도로 맞춰진다. 대기가 이동하면서 태양에너지가 닿지 않는 지역으로 에너지를 전달하는 것도 있지만 기본적으로 바다나 대기가 태양에너지가 많은 낮에 에너지를 저장하기 때문에 밤에 극단적으로 온도가 떨어지지 않는다. 그러나 수성이나 달처럼 대기가 없는 곳에서는 이런 효과를 기대하기 힘들다.

수성이 대기가 없는 이유는 태양에 너무 가깝기 때문인 것으로 추정된다. 태양에서는 대기에 있던 태양풍이라고 하는 플라스마가 태양 중력을 벗어나 우주로 방출되는 현상이 발생하는데 이때 이 태양풍의 영향으로 수성의 대기가 대부분 우주로 날아가 버렸다고 과학자들은 보고 있다. 이런 사실로 미루어볼 때 모성인 페가수스자리 51의 질량이 태양과 비슷하다는 점을 생각하면 페가수스자리 51b 역시 항성으로부터 날아오는 엄청난 항성풍에 의해 대기를 잃고 있을 것이다. 게다가 공전주기가 4.2일에 불과할 정도로 항성에 바짝 붙어 공전하고 있으므로 항성풍의 영향도 더 많이 받고 있을 것이다.

그렇다면 페가수스자리 51b는 대기가 전부 사라진 외계행성일까?

이 사실을 알려면 페가수스자리 51b의 질량이 어느 정도인지를 알아야 한다. 왜냐하면 질량이 목성처럼 거대한 가스행성이라면 아무리 태양풍이 강력하다고 해도 행성의 중력이 너무나 커서 대기를 다 날리는 것은 불가능하기 때문이다. 따라서 이 외계행성의 현재 모습이 어떻게 생겼는지 추정하기 위해서는 질량을 파악하는 것이 매우 중요하다. 물론 우리는 이 외계행성을 망원경으로 직접 관측할 수 없다는 문제가 여전히 남아 있지만 이 역시 직접 관측하지 않고도 알 수 있다.

바로 도플러 효과를 통해 드러난 스펙트럼의 변화 데이터를 연구하면 된다. 만약 행성의 질량이 크다면 모성인 항성을 훨씬 더 크게 흔들어 놓을 것이고, 행성의 질량이 작다면 모성이 거의 흔들리지 않을 것이다. 엘로디 분광사진기를 통해 스펙트럼의 변화가 얼마나 크게 일어나는지를 관측해서 별의 흔들리는 속도를 구하는 것이다. 관측 결과 페가수스자리 51b의 경우 지구 질량의 약 150배 정도 된다는 것을 알 수 있었다.

자, 이제 우리는 이 외계행성을 망원경으로 관측하지 않고도 행성의 현재 모습이 어떨지 추측할 수 있는 중요한 데이터들을 구할 수 있게 되었다. 우리가 관측할 수 있는 유일한 항성계인 태양계에 빗대서 생각해보면 목성보다 질량이 조금 작은 크기의 행성이고, 태양계의 행성 분포를 생각해보면 목성과 비슷한 가스행성임을 알 수 있다. 그리고 우리의 태양과 같은 G형 주계열성인 페가수스 51 주변을 수성의 8분의 1 되는 거리에서 4.2일에 한 번씩 공전하고 있다. 따라서 이 행성의 표면온도는 대기 구성 성분에 따른 효과를 무시했을 때 대략 섭씨 1,000도 이상의 고온일 것이고, 항성의 나이와 행성의 공전궤도를 생각해보면 달이 지구를 향해서 조석 고정(지구에서 볼 때 달의 앞면만 보이는 것) 되어 있는 것처럼 이 외계행성도 항성을 향해 조석 고정되어 있을 것이다.

결국 이런 정보를 종합해서 동일한 물리 조건에서 일어나는 빛의 산란 등을 모두 고려해 보았을 때 페가수스자리 51b의 상상도를 그려보

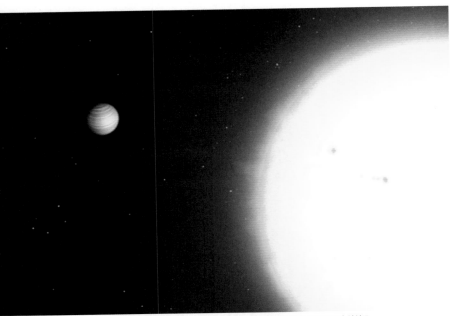

도플러 효과로 최초 발견된 외계행성 페가수스자리 51b의 상상도

면 위의 이미지와 같은 모습이 나오게 된다.

　이것은 상상도이고 컴퓨터로 만들어진 이미지에 불과하지만, 중요한 것은 그냥 아무렇게나 만들어진 이미지가 절대 아니라는 것이다. 항성의 경우 태양과 동일한 G형 주계열성이고 태양 질량의 약 1.1배의 별이기 때문에 태양과 비슷한 모양을 하고 있다. 행성의 경우 그 크기로 보아 목성과 비슷한 가스행성으로 추정되며, 조석 고정으로 인해 항성을 바라보는 대기 상층부가 달아올라 있는 것이 표현되어 있다.

　물론 우리가 페가수스자리 51b를 방문했을 때 실제 모습은 다를 수 있다. 하지만 망원경으로 관측은커녕 1픽셀도 담을 수 없었던 외계행성을 발견했을 뿐만 아니라 과학적 추론을 통해 사실에 비교적 가까운 상상도로 표현까지 할 수 있게 된 것을 생각하면 정말 과학자분들에게 경의를 표하지 않을 수 없다.

미셸 마요르 연구팀은 이런 외계행성의 존재를 불과 50광년 거리에서 발견하면서, 우리 은하에 존재하는 수천억 개의 별들마다 각각 독립적인 시스템을 가진 외계행성들이 존재할 수 있다는 무한한 가능성을 열어주었다. 이제 우리는 밤하늘의 별들을 볼 때 단순히 별만 생각하는 게 아니라 그 별이 포함하고 있는 외계행성들과 그들의 위성까지도 상상할 수 있게 되었다.

어쩌면 우리가 무심코 올려다본 별에서도, 거기에 살고 있는 외계생명체 중 하나가 우리를 올려다보면서 같은 생각을 하고 있을지도 모르는 일이다.

3장

초창기 외계행성과
태양계 형성의 미스터리

페가수스자리 51b

　　　　　　　　　　　1995년 도플러 효과로 발견한 외계
행성 페가수스 51b가 최초의 외계행성으로 인정된 이후, 더 많은 외계
행성들이 탐사되기 시작했다. 그전까지는 단 한 개도 발견되지 않았던
외계행성이 도플러 효과를 통해 매년 기하급수적으로 발견 속도가 증
가하게 되었다.

　무한히 넓은 우주에서 얼마나 다양한 외계행성들이 발견되었을까?
그 각각의 행성계는 얼마나 고유하고 아름다운 모습을 하고 있을까?
그러나 기대와는 다르게 실제로 발견되기 시작한 외계행성들의 환경은
그야말로 극단적이었다.

　처음 발견된 페가수스자리 51b의 경우에는 표면온도가 섭씨 1,000도
가 넘는, 목성 같은 가스행성이었다. 과학자들은 이 외계행성에 뜨거

운 목성이라는 별칭을 지어주었다. 우리가 보통 상상하던 외계행성의 모습은 〈스타워즈〉에서 나오던 타투인 행성이나 〈스타트렉〉에서 나오던 벌컨 행성이었는데, 이 외계행성은 SF 소설이나 영화에서 접하곤 했던 모습이 전혀 아니었다. 첫 외계행성은 단순히 우리의 상상을 깨버린 것에서 그친 것이 아니라, 기존의 행성 생성에 대한 가설을 모두 깨뜨렸다.

기존에는 태양과 가까운 곳에서는 지구와 같은 암석형 행성만이 존재하고 화성보다 훨씬 먼 궤도부터 목성형 행성이 존재한다는 것을 근거로, 태양에서 가까운 궤도에서는 암석형 행성이 생긴다는 것이 정설이었다. 항성이 생긴 후 남은 먼지 디스크가 서로의 인력작용으로 인해 뭉치면서 행성이 형성된다고 생각했기 때문이다. 목성 같은 거대 가스 행성이 생기기 위해서는 얼음이 어는 온도인 빙결점 밖에서만 가능하다고 여겼다.

즉 항성의 에너지가 충분하지 않아서 항성 복사 에너지를 받아도 물이 얼기에 충분한 궤도여야 했다. 그런데 페가수스자리 51b의 경우에는 태양계에 비교했을 때 수성 궤도보다도 가까운 궤도에 거대한 가스 행성이 위치해 있었기 때문에, 기존의 행성 형성에 관한 가설들이 모두 흔들려 버린 것이다.

이후로 많은 외계행성들이 발견되었는데, 문제는 도플러 효과로 새롭게 발견되는 행성들은 대부분 페가수스자리 51b와 비슷한 뜨거운 목성형 행성들이었다.

뜨거운 거대 가스행성의 상상도

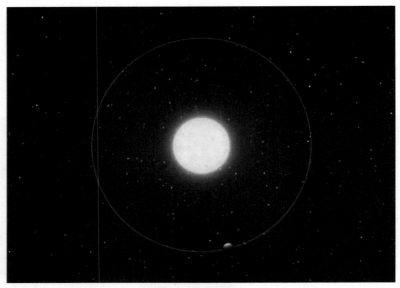

안드로메다자리 웁실론b 상상도

안드로메다자리 웁실론b

지구로부터 44광년 떨어진 안드로메다자리 웁실론 별은 1995년까지는 태양과 비슷한 주계열성과 그 주위를 돌고 있는 적색왜성으로 구성된 쌍성계였다. 우리 태양계는 태양이 하나인 단일성계지만 우주에는 태양 2개가 서로 돌고 있는 쌍성계가 흔한 만큼 1995년까지 웁실론은 평범한 항성계였다. 하지만 페가수스자리 51b가 외계행성으로 인정된 이후 바로 이듬해인 1996, 이 평범한 항성계에서도 외계행성이 발견되었다.

안드로메다자리 웁실론b 상상도

안드로메다자리 웁실론에서 발견된 외계행성은 페가수스자리 51b를 발견한 시선속도법으로 발견되었는데, 모항성을 돌고 있는 공전주기가 4.6일로 페가수스자리 51b와 매우 유사했다. 그뿐만 아니라 질량도 목성의 약 69%로 페가수스자리 51b와 유사한 질량의 가스행성이었고 뜨거운 목성형 행성이었다.

페가수스자리 51b 발견 이후 발견되기 시작한 외계행성이 페가수스자리 51b와 매우 유사한 것은 단순히 우연인 걸까?

목동자리 타우 Ab

비슷한 시기에 목동자리에 있는 별 타우에서도 새로운 소식이 들려왔다. 타우는 지구로부터 약 51광년 떨어진 쌍성으로, 안드로메다자리 웁실론과 마찬가지로 태양과 비슷한 주계열성과 그 주변을 돌고 있는 적색왜성으로 구성된 쌍성계다. 51광년 거리라는 걸 제외하고는 안드로메다자리 웁실론에 대해서 썼던 내용을 그대로 붙여넣기 해도 될 정도로 유사한데 문제는 여기서 끝이 아니다.

이번에도 역시 동일한 방법으로 발견되었다. 1997년 시선속도법으로 외계행성이 발견되었는데, 유사하면서도 다른 점은 모항성을 돌고 있는 공전주기가 3.3일로 항성에서 굉장히 가까운 거리에서 공전하는 가스행성이라는 점이었다. 이 행성의 경우 목성보다 질량이 훨씬 더 컸지만 역시나 뜨거운 가스행성이었다.

목동자리 타우의 상상도

여기서 끝이 아니다. 이번에는 게자리 방향에 있는 게자리 55 별 이 야기다.

게자리 55b

게자리 55는 지구로부터 41광년 거 리에 떨어져 있는 별로 태양과 비슷한 주계열성이다. 이 별도 마찬가 지로 쌍성이고 중앙은 태양과 비슷하지만, 태양보다는 약간 작은 G8형

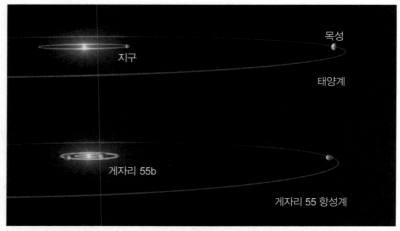

태양계와 게자리 55의 비교. 지구보다 훨씬 가까운 거리에 거대 가스행성이 모항성을 공전하고 있다.

주계열성과 적색왜성으로 이뤄진 쌍성계다. 앞에서 설명한 안드로메다자리 웁실론과 목동자리 타우와 비슷한 시기인 1996년에 중력에 의해 흔들리는 현상이 발견되었다. 즉 여기에도 외계행성이 있다는 사실이 시선속도법으로 발견된 것이다.

게자리 55b는 14.5일을 주기로 항성을 한 번씩 공전한다. 지금까지 소개한 외계행성에 비해 공전속도가 조금 느려졌다고 생각할 수 있지만, 모항성의 질량이 상대적으로 좀 작은 편이기 때문에 같은 거리여도 공전속도가 조금 더 느리다. 공전주기 14.5일이나 4.6일이나 지구가 태양을 도는 공전주기에 비하면 어차피 모항성에서 굉장히 가까운 거리에서 공전하는 외계행성이다. 목성 질량의 83% 정도로 추정되는 가스행성으로 밝혀졌으며 이 역시 뜨거운 목성형 행성이다.

이상 최초의 외계행성 페가수스자리 51b가 발견된 이후 새롭게 발견된 외계행성 3개를 추가로 소개해 보았다. 이 정도면 거의 법칙이 아닌가 싶을 정도로 4개의 외계행성이 거의 판박이처럼 비슷하다. 심지어 발견된 거리조차도 40~55광년 정도의 거리로 비슷한 거리에 있는 느낌마저 든다. 하지만 별자리 위치를 생각해보면 다른 방향에 있어서 이 별들이 비슷한 곳에 모여 있는 건 아니다.

그렇다면 대체 왜 영화 〈스타워즈〉의 타투인 같은 외계행성은 발견되지 않고, 표면온도가 섭씨 1,000도에 달하는 뜨거운 가스행성들만 계속 발견되는 걸까?

도플러 효과의 한계

일단 우리 태양계를 생각해보자. 현재 태양계 행성 8개 중 4개는 지구와 비슷한 암석형 행성이고, 4개는 목성과 비슷한 가스행성이다. 암석형 행성을 내행성이라고 부르고 가스행성을 외행성이라고 부르기도 한다. 그런데 지금까지 설명한 도플러 효과로 발견된 행성들은 전부 목성 같은 가스행성 크기의 외계행성들이었다. 그뿐만 아니라 거의 다 뜨거운 목성이라 불리며, 항성에서 극단적으로 가까운 궤도를 도는 가스행성들이었다. 이런 뜨거운 목성형 행성들은 태양계에서 전무하다. 한마디로 외계행성이 발견되기 시작한 1995년 전까지는 이런 행성들이 흔할 것이라는 생각은커녕 존재하는지 상상도 하지 못했던 행성들이다.

그렇다면 우리 태양계가 특이한 것이고 우주에 존재하는 행성들은 대부분 가스행성인 것은 아닐까?

사실 이 질문에 답을 하기는 굉장히 어렵다. 도플러 효과가 가진 한계이자 특성도 고려해봐야 하기 때문이다.

도플러 효과는 기본적으로 외계행성의 영향으로 모항성이 흔들리는 현상을 통해서 외계행성의 존재를 밝혀낸다. 당연히 모항성이 강하게 그리고 빠르게 흔들릴수록 발견하기 쉽다는 특징을 지닌다. 이때 모항성이 얼마나 더 강하게 흔들리느냐와 얼마나 빨리 흔들리느냐는 항성을 돌고 있는 행성의 크기와 행성이 항성에서 얼마나 가까운 거리에서 공전하는지로 결정된다.

결국 항성에서 가까운 거리에서 커다란 가스형 행성이 공전하고 있다면 발견하기 더 쉽다는 의미다. 이것이 앞서 설명한 뜨거운 목성형 행성들인 셈이고, 우주에 뜨거운 목성형 행성이 많다기보다 관측기술의 한계로 더 많이 발견된다고 해석할 수도 있다.

그러면 외계행성을 관측하는 다른 방법은 없을까?

페가수스자리 51b가 발견되고 6년 뒤, 허블 우주망원경은 지구로부터 150광년 떨어진 HD 209458이라는 항성을 관찰했다. 그런데 우주망원경의 관측 데이터를 확인해본 결과, HD 209458이 약 3.5일 정도를 주기로 밝기가 변한다는 것을 알게 되었다. HD 209458은 왜 3.5일마다 별의 밝기가 변했던 것일까?

HD 209458의 관측 사진

외계행성을 발견하는 또 다른 방법

가끔 집에서 형광등을 오랫동안 교체하지 않고 사용하다 보면 등의 밝기가 어두워지는 경우가 있다. 형광등의 수명이 거의 다해서 그랬을 수도 있지만, 대부분은 형광등 커버에 먼지나 날벌레 같은 것들이 쌓여서 형광등의 빛을 가리기 때문에 어두워지는 것이다. 하루 날 잡고 형광등 커버를 벗겨내고 싹 청소를 해주면 다시 밝은 형광등을 볼 수 있다.

마찬가지로 별빛도 지구까지 오는 도중 무언가에 가려지게 되면 어두워질 수 있다. 예전부터 천문학자들은 외계행성이 모항성을 공전하는 동안 외계행성과 모항성과 지구의 위치가 일직선상에 놓이게 된다면 모항성의 별빛이 어두워질 수 있다는 사실을 알고 있었다. 월식을 생각하면 이해가 쉽다. 낮에 태양이 달에 의해 가려지는 월식은 지구와 달과 태양이 일직선상에 놓였을 때 달이 태양을 가리면서 일어나는 현상이다.

문제는 우주에 있는 별들은 굉장히 멀리 있고 행성은 항성에 비해서 너무나도 작다는 것이다. 만약 다른 별에 살고 있는 외계인이 태양을 관찰하고 있을 때 외계인과 태양 사이로 지구가 지나가면서 태양을 가린다고 해도, 외계인이 관측하는 태양의 밝기는 고작 0.01%밖에 줄어들지 않을 것이다. 따라서 외계인이 별빛의 밝기가 0.01% 줄어드는 것을 측정할 수 있을 정도의 민감한 기구를 가지고 관측하지 않는 이상 지구의 존재를 증명하기는 어려울 것이다.

그런데 허블 우주망원경이 관측한 HD 209458의 데이터에서 놀랍게도 3.5일마다 별빛이 무려 1.7%나 줄어들고 있는 것이 확인되었다. 1999년 샤르보노^{Charbonneau} 연구팀은 HD 209458의 별빛이 3시간 동안 1.7% 정도 줄어들었다는 것을 관측했다. 분명 HD 209458의 앞으로 무언가가 지나가면서 별의 밝기가 줄어든 게 확실해 보였다. 이런 현상은 약 3.5일마다 반복되었으며 밝기가 줄어든 원인이 외계행성임을 알 수 있었다.

HD 209458을 돌고 있는 외계행성은 HD 209458b라는 이름이 붙여

졌고 비공식적으로는 오시리스라는 별칭이 지어졌다. 이렇듯 별빛을 가로막아서 어두워지는 현상으로 외계행성을 발견하는 것을 통과관측법Transit이라고 부른다.

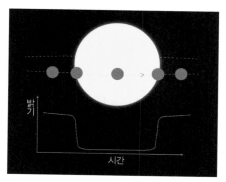

통과관측법의 원리
행성이 모항성 앞을 지나갈 때 항성의 밝기가 어두워진다.

눈치가 빠른 독자분들은 여기서 한 가지 중요한 사실을 알아냈을 것이다.

'3.5일마다 별빛의 밝기가 변했다고? 아니, 그럼 또 공전주기가 3.5일인 행성이라는 거야?'

정답이다. 이 행성 역시 기대를 저버리지 않고 역시나 뜨거운 목성형 행성이다. 가뜩이나 지금까지 책에서 설명한 외계행성이라고는 극단적인 환경의 목성형 행성뿐인데, 기껏 새로운 외계행성 관측법을 설명하면서 왜 또 뜨거운 목성형 행성이 나오는지 야속할 수도 있다.

하지만 외계행성의 발견 역사는 뜨거운 목성의 발견 역사라고 해도 과언이 아닐 정도로 뜨거운 목성형이 많이 발견되어 왔고, 지금도 발견되는 외계행성의 상당수는 뜨거운 목성형 행성이다. 그 이유에 대해서는 과학계에서도 여러 해석이 있고 필자 나름대로의 해석도 있는데, 뒤에서 설명할 예정이다.

저승의 왕, 오시리스

이집트 신화에는 저승의 왕 오시리스가 등장한다. HD 209458b는 태양계에서는 상상도 할 수 없는 뜨거운 불지옥 같은 환경이라 이후 오시리스라는 별칭으로도 불리게 되었다.

이 행성은 최초의 외계행성인 페가수스 51b와 비슷한 뜨거운 목성형 행성이지만, 굉장히 재미있는 특성들로 인해 다른 외계행성에서는 쉽게 알기 힘든 소중한 데이터를 얻게 해준 고마운 행성이다.

오시리스의 질량은 목성보다 작지만 모항성에서 너무 가까운 거리에서 공전하고 있을 뿐만 아니라 모항성이 G2의 분광형을 가진 태양과 비슷하거나 조금 더 뜨거운 F8-G0형의 항성을 돌고 있기 때문에 페가수스 51b보다도 뜨겁다. 그 결과 대기가 엄청나게 부풀어 있을 것으로 생각되는 외계행성이다. 기체는 온도가 높으면 팽창하여 부피가 증가하게 되는데 오시리스는 이런 극단적인 조건으로 외부의 대기가 엄청나게 팽창했고, 팽창한 대기는 항성에서 날아오는 항성풍의 영향으로 우주로 날아가고 있었다.

한마디로 대기를 잃고 있는 외계행성인 셈인데 그 속도가 무려 1초에 50만 톤으로 예상된다고 한다. 만약 이렇게 엄청나게 많은 대기를 잃고 있다면 행성이 공전하는 궤도 위에 이 행성의 대기 성분이 마치 띠처럼 구성되어 있을 것이다. 이것이 중요한 이유는 만약 두꺼운 대기 성분이 지구와 모항성인 HD 209458 사이에 존재한다면 우리는 HD 209458에서 나오는 빛의 스펙트럼 변화를 이용해서 오시리스의 대기 구성성분

HD 209458b의 상상도

을 알 수 있기 때문이다.

외계행성의 대기 성분을 알 수 있다는 건 엄청난 일이다. 외계행성보다 훨씬 가까운 태양계의 행성들조차 탐사선이 직접 방문하지 않고 대기의 구성 성분을 알기란 쉽지 않은 게 현실이다. 금성 같은 내행성의 경우 금성이 지구와 태양 사이에 놓일 때 태양 빛의 스펙트럼 변화를 기록해서 금성의 대기 구성 성분을 알아낼 수 있다. 바로 이런 방법과 비슷한 방법을 사용하면 HD 209458 주변을 돌고 있는 오시리스 행성의 대기 구성 성분을 알 수도 있는 것이다.

마침내 2001년 11월, 허블 우주망원경은 오시리스 행성 대기의 외각에서 나트륨 성분을 검출한다. 이는 매우 놀라운 사건으로 불과 지하 11킬로미터 아래의 심해조차 정확히 알지 못하던 인간이 무려 150광년이나 떨어진 먼 거리에 있는 외계행성의 구성 성분 일부를 밝혀낸 것이다. 게다가 나트륨은 지구 생명체에 반드시 필요한 원소 중 하나다.

오시리스에서의 놀라운 발견은 여기서 그치는 게 아니다. 2003년에서 2004년에 걸쳐 허블 우주망원경의 이미지 분광사진기를 이용해서 측정한 결과 탄소, 수소, 산소가 발견된다. 우리가 먹는 3대 영양소이자 필수요소인 탄수화물을 이루고 있는 화합물이 전부 발견된 것이다.

또한 아직 검증 중이지만 2007년에는 트래비스 바먼 박사가 HD 209458b의 대기에 수증기가 포함되어 있다고 발표했다. 모항성 주위를 바짝 붙어서 돌고 있는 뜨거운 목성형 행성에 물 분자가 존재한다는 건 매우 놀라운 일이다. 다만 여기엔 약간의 문제가 있는데 바먼 박사가 오시리스 주변 가스에서 물의 흡수선 스펙트럼이 있다고도 주장한 것이다.

아직은 가설이고 검토 중인 상황이라 조심스러운 부분이므로 이와 관련된 이야기는 여기서 마치고, 다른 외계행성에 대해 추가로 이야기해보기로 하자.

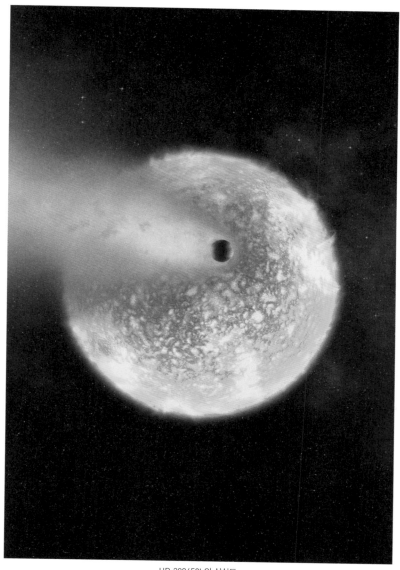

HD 209458b의 상상도

대기 상태가 확인된 행성, HD 189733b

이번에 소개할 별은 여우자리 방향에 있는 HD 189733으로 지구에서 63광년 떨어진 항성이다. 이 항성의 외계행성은 2005년에 발견되어 벌써 소개하기엔 살짝 이른 감이 있지만, 왜 자꾸 뜨거운 목성형 행성만 발견되는지에 대한 설명이 필요할 것 같아서 잠깐 이야기하려고 한다.

2005년 통과관측법으로 HD 189733에서 공전주기가 불과 2.2일에 불과하고 질량은 목성의 1.1배가량 되는 외계행성을 발견했다. 이 외계행성도 바로 앞에서 설명한 오시리스 행성처럼 극단적으로 뜨거운 환경을 가지고 있었고, 지구와 더 가까운 거리에 있는 등 여러 가지 조건이 오시리스보다 외계행성의 대기를 측정하는 데 유리해서 많은 관측 시도가 이루어졌다.

2007년 7월 조반나 티네티Giovanna Tinetti 연구진은 스피처 우주망원경을 이용한 분석 결과 행성 대기 내에서 상당량의 수증기가 존재하는 것이 확인되었다고 발표했다. 가설의 검증을 위해 허블 우주망원경으로 후속 관측을 한 결과, 놀랍게도 수증기의 존재가 높은 확률로 확인되었을 뿐만 아니라 메탄가스의 존재도 확인되었다. 수증기도 놀랍지만 이렇게 극도로 뜨거운 환경에서 어떻게 메탄가스가 존재할 수 있는지 미스터리가 아닐 수 없었다.

물론 아직까지 이에 대해 자세히 밝혀진 건 없다. 하지만 이렇게 멀리 떨어진 뜨거운 목성형 행성들의 대기 성분을 분석할 수 있게 되면서

여우자리

북아메리카 성운

HD 189733

백조자리

데네브

알비레

고리성운

거문고자리

베가(직녀성)

HD 189733의 위치(사진의 왼쪽 중앙)

기존의 태양계 형성 가설을 뒤엎는 새로운 가설들이 등장하게 되었다.

외계행성 발견으로 새롭게 정정된 태양계 형성 가설

우리는 종종 인간 특유의 직관적 사
고에 의해 실수를 한다. 아인슈타인은 상대성이론을 발표한 뒤 일반상
대성이론에 의해 우주의 크기가 변하는 것을 오류라고 했다. 그래서 현
재의 정적인 우주 모형을 만들기 위해 우주상수를 상대성이론에 도입

HD 189733b의 상상도

해 우주의 크기나 형태가 동일한 우주 모형을 만들려고 했다. 하지만 허블 우주망원경에 의해 적색편이가 발견되고 우주가 팽창하고 있다는 것이 밝혀지면서 아인슈타인은 우주상수를 도입한 것을 철회하고 우주 상수를 만든 건 자신의 인생에서 최대 실수라는 말을 남겼다.

물론 이후에 암흑에너지가 발견되면서 지금은 우주상수가 다시 필요해졌지만, 아인슈타인이 했던 실수는 우주가 과거에나 지금이나 동일할 것이라고 생각했던 것이었다. 우주의 형태가 동일하지 않다면 우주의 시작이 있다는 것이고 결국 나중에는 끝도 있다는 것이 되므로 그게 마음에 안 들었던 것 같다.

이 이야기를 외계행성이 발견되고 변하게 된 태양계 형성 가설에 대입해보면, 지금 지구가 현재 위치에서 태양을 공전하고 있다고 해서 과거에도 동일한 위치에서 태양을 공전하고 있었을까 하는 의문을 가지게 된다.

앞서 설명했던 외계행성들인 뜨거운 목성형 행성의 대기 분석 결과 발견된 화합물들은 그 행성이 원래부터 그 위치에서 항성을 돌고 있었다면 발견될 리 없을 것들이었다. 빙결점과는 한참 거리가 먼 섭씨 1,000도에 육박하는 뜨거운 목성에서 다량의 수증기가 발견되었다는 것은, 빙결점 밖에서 생성되는 행성들이 물 분자를 포함하게 된다는 기존 태양계 형성이론과 맞지 않았다.

물론 지구에 물이 생긴 것을 빙결점 밖에서 생긴 혜성들이 수억 년의 시간에 걸쳐서 지구로 물을 운반한 것으로 설명하기도 하지만, 모항성

에 딱 붙어서 공전하는 뜨거운 가스행성에서 발견된 것을 설명하기에
는 한참 부족하다. 게다가 메탄가스의 존재는 더욱더 의문인데 저렇게
뜨거운 환경에서 산소와 결합해서 일산화탄소가 되는 대신 수소와 결
합해서 메탄가스가 되었다는 것은 너무나 이상한 일이었다. 그래서 외
계행성 관측 이후 변하게 된 태양계 행성 가설에 의하면 현재의 행성들
은 맨 처음 생겨날 때부터 현재 위치에서 생겨나지 않았다는 것이다.

과거의 태양계 형성 이론은 성운들이 수축하면서 태양이 만들어지고,
수축하는 과정에서 중력 중심으로 빠르게 회전하는 성운 찌꺼기들이
태양을 중심으로 돌면서 응집해 수많은 행성이 만들어지고 그 위치에
서 태양을 공전한다는 미행성 응집설을 기반으로 했다. 이 가설에 의하
면 태양과 가까운 곳에서는 녹는점이 높은 암석형 행성이 생성되어야
하고, 목성 궤도처럼 먼 곳에서는 기체형 행성이 형성되어야 한다. 하
지만 외계행성 덕분에 여기에 새로운 사실이 추가되었다.

생겨난 행성 중에 목성 같은 거대한 가스행성은 상당한 중력으로 주
변의 성운 가스를 집어삼키면서 덩치가 커지는데, 이 과정에서 성운들
의 저항으로 공전속도가 줄고 그로 인해 공전궤도가 줄어든다. 그러다
안쪽에 있는 암석형 행성들과 충돌해 이 행성들을 다 잡아먹으면서 공
전궤도가 줄어들게 되면 우리가 발견한 뜨거운 목성형 행성이 되는 것
이다.

우주 내 상당수의 항성계에서 이런 식으로 뜨거운 목성형 외계행성
이 많이 생겨났지만, 우리 태양계는 어쩐 일인지 지금보다 더 멀리서

생겨난 목성이 크기를 키우면서 공전궤도를 줄여왔다. 그러다가 태양풍 때문인지 다른 이유인지 목성의 공전을 방해하는 남은 성운 가스들이 흩어지면서 현재의 궤도에서 더 줄어들지 않았고 덕분에 지구를 포함한 내행성들이 무사한 것이라는 새로운 가설까지 생겨났다.

이 가설이 맞다면 우리는 상당히 운이 좋다. 만약 목성의 궤도가 조금 더 안쪽까지 왔다면 지구도 무사하지 못했을 것이기 때문이다. 태양계 형성이론이 확실하게 입증된다면 좋겠지만, 실제로는 46억 년 전에 있었던 일이기 때문에 가설을 증명하는 것이 쉽지는 않다. 성운설에서 발전한 미행성 응집설이 거의 정설이지만 행성들의 형성 이후 어떤 일들이 일어났는지 추적하는 건 어려운 일이기 때문이다.

앞으로 소개할 황당한 외계행성 이야기를 들으면 대체 무슨 일이 일어나서 이렇게 된 건지 궁금해질 것이다.

4장

태양계에서는 볼 수 없는
신기한 행성

극단적인 궤도를 지닌 행성, 백조자리 16 Bb

지금까지 소개한 외계행성들은 가히 불지옥이라고 해도 과언이 아닐 정도로 매우 극단적인 환경을 가지고 있었다. 섭씨 1,000도가 넘어가면 지구에서는 고체로 존재하는 구리 같은 금속 물체가 액체로 존재할 수 있는 온도가 된다. 문제는 이렇게 액체로 변한 구리는 표면 위를 물처럼 흐를 수 있게 된다는 것이다. 물론 앞에서 설명한 외계행성들은 가스행성이라 흐르게 될 표면은 없지만, 그렇지 않은 경우에는 액체가 된 구리가 기화되어 하늘에서 구름을 형성하고 높은 고도에서 차가워지면 액화되어서 행성의 표면으로 떨어지게 될 것이다. 한마디로 지구에서의 온도와 기압에서는 물이 액체로 존재하기 때문에 물로 이루어진 비가 내리지만, 이런 외계행성에서는 구리나 납으로 이루어진 비가 내릴 것이다. 철이 녹는 행성이라면 철이

뜨거운 목성형 행성 상상도

액화되어 비로 내릴 것이다.

2019년까지 발견된 약 4,500개의 외계행성의 대부분은 이렇게 금속이 기화하고 액화되어 비로 내릴 법한 행성들이다. 이런 뜨거운 온도 때문에 우리 입장에서는 불지옥이라는 공통점이 있으므로 이제 뜨거운 목성형 행성 이야기는 여기까지만 하고 다른 행성 이야기로 넘어가려고 한다.

외계행성 발견 초기에 천문학자들이 발견한 행성들은 모두 지금까지 이야기했던 뜨거운 목성형 행성이었다. 아무래도 직접 관측하기 어려운 외계행성의 특징과 간접적인 관측 원리의 한계 때문에 이런 행성들이 많이 발견되었을 것이다. 그러다가 이때까지 발견된 외계행성과는 전혀 다른 특이한 행성이 하나 발견된다.

1996년, 알버트 코크란$^{Albert Cochran}$ 연구진은 이전에 발견했던 외계행성들처럼 도플러 효과를 통해 새로운 목성형 외계행성을 발견했다고 발표했다.

백조자리 방향에 있는 백조자리 16 항성계는 맨눈으로는 보는 게 거의 불가능하지만 망원경으로는 관측할 수 있는 다중성이다. 태양 크기의 별 2개와 태양보다 훨씬 작은 적색왜성 하나로 구성된 삼중성계로, 특별히 밝은 항성계가 아닌 데다 지구로부터 70광년가량 떨어져 있어서 육안으로 보기는 힘들다.

알버트 코크란 연구진은 백조자리 16 B 항성에서 도플러 효과를 이용해 외계행성이 있다는 증거를 찾아냈다. 당시 사용한 장비로 70광년 거리에서 외계행성을 찾으려면 항성에 굉장히 가깝게 공전하거나 목성 같은 거대 가스행성을 찾는 것이 한계였지만, 그런 열악한 조건에서 발견된 외계행성치고 이 행성은 매우 특별했다. 그 이유는 이 행성의 공전주기가 약 800일로(798.5±1.0일) 지구의 2년보다 길었기 때문이다.

"자, 지금까지 태양계에서 전혀 유례도 없는 뜨거운 목성형 행성 이야기만 듣느라 힘들었죠? 드디어 우리 태양계에도 존재할 것 같은 평범해 보이는 외계행성을 찾았습니다!"라고 말하고 싶지만, 아쉽게도 이 행성은 전혀 다른 의미로 굉장히 이상한 행성이었다.

이 외계행성의 궤도는 원형 궤도에 가까운 형태가 아니라 완전히 타원 궤도를 돌고 있었는데, 조금 찌그러진 원형 궤도를 도는 정도가 아

백조자리 16 Bb

지구

화성

목성

백조자리 16 Bb의 공전궤도와 태양계 행성의 공전궤도 비교

니라 마치 가끔 태양계 내행성으로 들어오는 소행성들처럼 극심한 타원형 궤도를 도는 것이다. '아니, 이런 이상한 궤도가 가능한가?' 하고 생각할지 모르지만, 케플러 법칙을 생각하면 오히려 완전 원형에 가까운 궤도가 사실 더 어려울 수 있다.

아무튼 이 외계행성을 태양계에 비유하자면, 모항성으로부터 가장 멀 때는 목성에서 화성 중간 거리만큼 멀어지고, 가장 가까울 때는 수성에서 금성 사이의 거리만큼 가까워지는 극단적인 궤도를 돌고 있다.

태양계에서도 이런 궤도는 소행성이나 혜성에서 볼 수 있을 뿐, 목성처럼 큰 행성은 제쳐두고 행성 크기의 물체가 이렇게 심한 타원형 궤도를 도는 경우는 없다. 이 행성은 모항성에 근접할 때 항성을 크게 흔들어 놓는 덕분에 도플러 효과로 발견할 수 있었다.

그렇다면 이 외계행성은 어떻게 생겼을까? 사실 우리가 알 수 있는 건 도플러 효과로 얻은 정보뿐이다. 하지만 모항성인 백조자리 16 B로부터 받는 에너지를 근거로 이 외계행성의 상태를 예상해볼 수는 있다.

백조자리 16 B는 분광형 G2.5형 항성으로 태양이 분광형 G2임을 고려하면 태양과 거의 비슷한 항성임을 알 수 있다. 정확히는 태양과 0.5 차이가 나므로 대략 태양 질량의 97%에 해당하는 항성이다. 따라서 같은 거리에서 우리 태양으로부터 받는 에너지와 비슷한 에너지를 받는다고 생각해보면 모항성에 가장 가까이 다가갔을 때와 가장 멀어졌을 때 대기 온도는 극단적인 차이를 가질 것이다. 가장 멀어졌을 때는 행성 평균온도가 대략 영하 80도 아래까지 떨어질 것이고, 가장 가까울 때는 거의 300~400도까지 온도가 치솟을 것으로 생각된다. 재미있는 건 이런 극단적인 환경에서도 물이 액체로 존재할 수 있는 시간이 의외로 꽤 길다는 것이다.

그렇다면 이 외계행성에 생명체가 생존할 수 있을까? 일단 이 외계행성은 목성보다도 더 거대한(목성 질량의 1.7배) 가스행성이기 때문에 생명체가 존재하려면 가스행성 주변을 돌고 있는 위성이 있다고 가정해야 한다. 현재 기술로는 외계행성의 위성을 발견할 수 없다. 하지만 태

백조자리 16 Bb의 상상도

양계의 목성에 이오, 유로파, 가네메데, 칼리스토 4대 위성이 있고 토
성에도 타이탄 같은 거대 위성이 존재하는 것으로 보아, 가스행성 같은
질량이 큰 행성에는 위성이 생기기 쉬울 것이다.

이 외계행성은 목성보다 훨씬 크기 때문에 위성이 있다면 그 크기도
당연히 클 것이므로 지구 크기의 위성이 존재한다고 가정해보자. 그리
고 이 위성의 대기도 지구와 비슷하다고 가정하고 상상해보자.

우선 이 외계행성이 모항성으로부터 지구와 태양 사이만큼의 거리에
있을 때, 위성은 지구와 비슷한 상태를 지닌다. 우리 입장에서는 살기
좋고 비도 오고 물이 액체로 존재할 수 있는 온도가 3개월 이상 지속된
다. 이 시기를 가을이라고 하자. 그러다가 점점 멀어져서 화성 궤도를
넘어갈 때쯤 표면에 모든 물이 얼어붙기 시작하고 지표면의 모든 것이
얼게 되는데, 이렇게 극단적으로 추워지는 시기를 겨울이라고 한다면
이 위성에서는 이런 겨울이 무려 17개월이나 지속된다. 하지만 이후 다

시 화성 궤도 안쪽으로 들어오면서 따뜻해지기 시작하고 꽁꽁 얼었던 위성이 점점 녹게 될 것이다. 이때를 봄이라고 한다면 봄 또한 3개월 이상 지속된다.

그런데 가장 큰 문제는 이제부터 시작이다. 이 행성은 지구 궤도를 지나 지구보다 훨씬 안쪽 궤도까지 들어가게 된다. 그래서 대략 금성 궤도를 지날 때쯤이면 표면의 평균 온도는 60도 이상 올라가기 시작하고 그 이후로는 급속도로 더워져서, 섭씨 100도를 금방 넘기며 모든 물이 증발할 정도로 뜨거워진다. 대략 섭씨 200~300도까지 올라갈 것으로 추측된다.

하지만 다행히도 케플러의 법칙에 따르면 항성으로부터 행성의 이동거리까지 직선으로 이은 면적은 같은 이동시간 동안 언제나 동일하다. 즉 모항성 중심으로 다가갈수록 공전속도는 빨라지고 멀어질수록 느려지는데 덕분에 이런 불지옥 같은 여름은 딱 3개월만 버티면 된다. 대신에 이런 원리로 모든 물이 꽁꽁 얼게 되는 겨울이 17개월 이상 지속된다.

과연 이런 위성에서 살아남을 수 있는 생명체가 있을까? 물론 지구에서도 추운 겨울에 겨울잠을 자는 생명체가 있고, 깊은 바닷속에 사는 생물이라면 그곳까지 꽁꽁 얼기 전에 봄이 올 수도 있다. 문제는 섭씨 최고 300도까지 올라갈 수도 있는 여름인데, 이런 극단적인 조건에서 생존할 수 있는 생명체가 있을지는 미지수다.

하지만 그럼에도 불구하고 이 행성이 발견되기 전까지 외계행성이라고는 뜨거운 목성형이 전부였다는 점에서 백조자리 16 Bb의 발견은 매우 중요한 의미가 있다. 단순히 여지껏 보지 못했던 새로운 행성이라는 의미를 넘어서, 행성이 처음 생겨난 뒤 제자리에 있지 않고 이동을 하게 된다는 가설에 힘을 실어줄 수 있는 발견이기 때문이다.

기존에는 이렇게 극심한 타원 궤도를 그리는 천체는 태양계에서 혜성 외에는 존재하지 않았다. 하지만 놀랍게도 이 행성이 발견된 이후부터는 이런 궤도를 가진 외계행성이 생각보다 자주 발견되기 시작했다.

행성인가? 혜성인가? HR 5183b

최근에 관측 정보가 업데이트된 HR 5183b의 경우는 좀 더 신기하다. HR 5183b는 1990년대에 발견된 외계행성이지만 최근 사라 블런트[Sarha Blunt]를 비롯한 연구팀에 의해 그 궤도나 형태가 정확하게 계산되었다. HR 5183b는 앞서 설명한 백조자리 16 Bb처럼 굉장히 길쭉한 타원 궤도로 공전하고 있지만 태양계로 치면 더 먼 거리를 공전하는 외계행성이다. 1990년대에 발견되었음에도 이제야 공전궤도가 정확하게 나온 이유는 공전주기가 너무 길기 때문이다. 이 외계행성의 공전주기는 45~100년 정도로 추정되는데, 특이한 것은 지금까지 이야기했던 뜨거운 목성형 행성과는 달리 이 행성은 굉장히 차가운 행성이라는 점이다.

HR 5183b는 목성 질량의 3배에 달하는 거대 가스행성이다. 현재 밝

지구

목성

HR 5183b

HR 5183b의 크기와 예상 궤도

혀진 공전궤도를 태양계에 비유하자면, 모항성에서 가장 가까울 때는 화성과 목성 사이의 소행성 궤도에 진입하고, 가장 멀 때는 해왕성보다 먼 궤도를 돈다. 또한 모항성인 HR 5183이 태양보다 어두운 항성임을 감안했을 때, 표면온도는 항상 낮을 것이다.

대체 이런 길쭉한 궤도의 외계행성들은 왜 생기는 걸까? 물론 직접 관측조차 할 수 없는 인간이 눈에 보이지도 않는 외계행성을 통해 수십 억 년 전에 그곳에서 무슨 일이 있었는지 밝혀내기란 역부족이다. 하지만 정확한 검증은 어려워도 현재 가장 가능성이 높은 설은 인접한 다른 행성의 중력에 의해 궤도가 크게 변하면서 한 행성은 타원 궤도를 돌고 나머지는 튕겨 나갔다는 설이다. 즉 행성 간 중력의 영향을 받아서 궤도가 크게 바뀌었다는 것인데, 결국 이렇게 큰 행성이 돌고 있는 항성 계에는 다른 행성들이 안정적으로 존재하기 힘들 거라는 예측이 가능하다. 우리는 태양계에서 이런 일이 일어나지 않았다는 사실에 감사해야 할지도 모르겠다.

외계행성 사냥꾼, 케플러 우주망원경

이제 시선속도법으로 관측된 행성들 이야기 말고 좀 더 다양한 외계행성들의 이야기를 할 때가 되었다. 지금까지 주로 설명했던 1990년대에 발견된 외계행성은 도플러 효과를 이용한 시선속도법으로 발견했는데, 관측 방식의 한계 때문에 어쩔 수 없이 거대한 목성형 행성 아니면 불지옥 같은 행성들이 주로 발견될 수밖에 없었다. 1995년 전까지 과학계는 단 한 개의 외계행성도 입증하지 못한 상황이었기 때문에, 한정적이더라도 계속해서 외계행성을 발견할 수 있다는 것 자체가 대단한 의미를 지녔다. 하지만 이렇게 맨날 똑같은 외계행성만 발견되다 보면 아무리 연구 목적이라고 해도 지겨울 것이다.

그래서 과학계는 좀 더 혁신적으로 외계행성을 찾을 수 있도록 새로운 방법들을 고안해내게 된다. 이전 장에서도 간략히 이야기했지만 밝은 항성에 비해 행성은 너무 어두워서 보이지 않기 때문에 항성 자체만 정밀 관측하게 된다. 그 과정에서 만약 항성 앞을 지나가는 물체가 있다면 우리가 관측하던 항성의 밝기가 그 순간 조금 어두워질 것이다. 지구의 경우 태양보다 부피는 백만 배, 표면적은 1만 배가 작기 때문에

2009년에 발사된 케플러 우주망원경

외계인이 태양을 관측하다가 지구가 태양 앞을 우연히 지나가게 되면 태양의 밝기가 순간 0.01% 어두워지게 될 것이다. 이 작은 차이를 정확하게 측정할 수 있다면 외계행성을 발견할 수 있다. 이 방식을 통과관측법이라고 부른다.

그런데 이 방법에는 큰 단점이 있는데 매우 작은 밝기 변화에도 민감하기

때문에 지구에서는 대기의 변화에 의해서 정확한 측정이 어렵다는 것이다. 그래서 나사는 작정하고 외계행성을 사냥하기 위한 우주망원경을 아예 만들어서 우주로 발사하기로 결정한다. 이것이 바로 유명한 케플러 우주망원경이다. 아래의 사진을 보면 식 현상으로 외계행성을 찾는 것이 왜 어려운 일인지를 알 수 있다.

아래의 사진은 케플러 우주망원경이 케플러 미션 초반에 발견한 최초의 외계행성 5개(각 항성에 작게 보이는 검은 점이 외계행성)다.

외계행성 케플러 5b, 케플러 6b, 케플러 7b, 케플러 8b는 크기가 목성보다 훨씬 더 큰 행성들이다. 가장 작은 외계행성인 케플러 4b도 크기는 해왕성 정도로 지구보다 훨씬 크다. 그럼에도 불구하고 통과관측법으로 관측한 항성의 밝기 변화는 첫 번째 그래프에서 나타난 것처럼 미약하게 일어났다. 하지만 과학자들은 이런 상황에서도 케플러 미션으로 지구보다 작은 외계행성들을 엄청나게 찾아냈다.

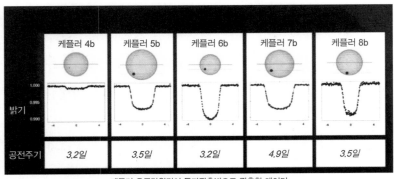

케플러 우주망원경이 통과관측법으로 관측한 데이터

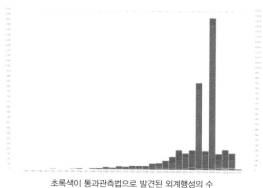

초록색이 통과관측법으로 발견된 외계행성의 수

　외계행성을 발견하는 방법은 크게 5가지가 있는데, 위의 그래프를 보면 사실상 통과관측법으로 발견한 외계행성이 압도적으로 많음을 알수 있다. 게다가 2010년부터 통과관측법으로 발견된 외계행성 대부분이 케플러 미션으로 발견된 만큼 사실상 케플러 우주망원경 혼자서 거의 대부분의 외계행성을 발견했다고 봐도 무방하다.

　그렇다면 케플러 우주망원경은 혼자서 이렇게 많은 외계행성을 어떻게 관측할 수 있었을까? 물론 통과관측법으로 외계행성을 발견하기 위해 발사된 우주망원경이 케플러 우주망원경 한 대뿐이었던 것은 아니다. 2006년 유럽의 코롯COROT 망원경도 있었지만 케플러 우주망원경에 비해 훨씬 적은 수의 외계행성만 발견했다.

　케플러 우주망원경은 항성 앞을 작은 행성이 지나갈 때 항성의 밝기가 감소하는 정도를 구해서 외계행성을 발견하는 통과관측법을 사용한다. 케플러 미션이 계획될 때의 목표는 분명했다. 바로 임무 기간 동안 최대한 많은 외계행성을 발견하는 것이다. 케플러 우주망원경은 3.5년에 걸쳐서 약 10만 개의 항성을 관측하기로 계획되었다. 항성들을 관측해서 많은 외계행성을 발견함으로써 얼마나 많은 행성이 우주에 존재하는지, 그런 행성들 중 얼마나 많은 행성이 생명체가 살 수 있을 만한 적당한 온도, 즉 골디락스 존에 존재하는지를 알아내는 게 목표였다.

케플러 우주망원경의 성능은 이론적으로 지구보다 작은 외계행성을 찾아내는 게 가능했기 때문에 발사 당시부터 굉장히 많은 기대를 모았다. 이 우주망원경은 지구처럼 태양을 공전하면서 우주의 한 지점을 보도록 설계되었는데, 시야에서 3천 광년 이내에 있는 모든 항성을 관측하도록 했다. 특징은 한 번에 많은 수의 별들을 관측한다는 것이다. 최대 10만 개의 별들을 동시에 관측하는데 모든 별들의 밝기 변화를 30분 간격으로 측정한다. 그중 일정한 광도 변화가 여러 번에 걸쳐서 일어나면 외계행성 후보로 선정되고, 지상에서 이를 검증한 후에 외계행성이 있는지 여부를 판별한다.

결과적으로 케플러 우주망원경의 성능은 기대 이상이었다. 외계행성이 본격적으로 탐사되기 시작한 후부터 2009년까지 대략 15년 가까운 시간 동안 발견된 외계행성은 400개가 채 안 되었지만, 그 이후에 케플러 우주망원경 혼자서 미션 기간 동안 발견한 외계행성의 숫자는 이것보다 훨씬 많았다. 현재는 약 4,500개 정도의 외계행성이 발견된 상황이다. 이렇게 많은 외계행성이 발견된 덕분에 이제는 외계행성 관측 데이터를 통해 SF 영화에서나 나올 법한 외계행성이 상상이 아니라 현존하는 것임을 알게 되었다.

공상과학 소재의 작품이나 게임에서는 각양각색의 별난 행성들이 등장한다. 영화 〈스타트렉〉, 〈스타워즈〉 시리즈를 보면 인간이 상상할 수 있는 환경이 이렇게나 많다는 것에 경이로움마저 느끼게 된다. 과거에는 이런 외계행성들이 과학의 영역이 아닌 상상 속에서나 존재했지만, 이제는 다양한 관측기법의 등장으로 외계행성을 실제로 관측할 수 있게 된 것이다. 만약 SF 영화에 나오는 특이한 행성들이 실제로 존재한다면 더 이상 공상이라고 부를 수 없을 것이다. 물론 영화에 등장하는 행성이 실제로 없다고 하더라도 〈스타워즈〉의 알투비투R2B2가 정말 귀엽다는 것은 변하지 않겠지만 말이다.

〈스타워즈〉에 나오는 타투인 행성?

영화 〈스타워즈〉 시리즈 팬이라면 영화에 나오는 타투인 행성을 잘 알 것이다. 영화 속 설정에 의하면 타투인 행성은 태양이 2개인 쌍성계다. 2개의 별이 서로 공전 중인 항성계에 있는 행성이다. 그전까지 과학계는 이론적으로 쌍성계에도 충분히 행성이 존재할 것으로 생각해왔으나 직접 관측된 사례가 없어서 증거를 제시할 수 없었다.

지구로부터 200광년 정도 떨어진 케플러 16은 케플러 미션 전에는 딱히 주목받을 일이 전혀 없었던 평범한 항성계였다. 이 항성계는 태양

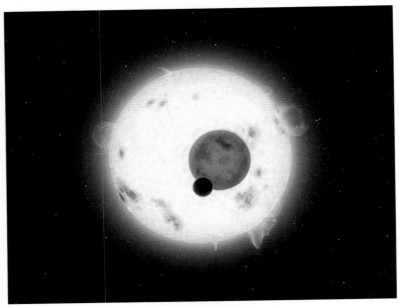

백조자리의 케플러 16 항성계
케플러 우주망원경에 의해 외계행성이 발견되면서 케플러 16이라는 이름을 가지게 되었다.

질량의 69%인 케플러 16 A와 태양 질량의 20%도 안 되는 작은 적색왜
성인 케플러 16 B가 서로 공전하는 쌍성계였다. 하지만 케플러 미션의
관측 범위에 속해 있던 이 항성계에서 외계행성이 발견되었다. 재미있
는 건 이 외계행성이 두 쌍성계의 질량 중심을 공전하는 행성이라는 것
이었다.

 케플러 16b라는 명칭이 붙은 이 외계행성은 쌍성계의 질량 중심을 약
230일에 한 번씩 공전했다. 이 행성은 토성보다 조금 작은 크기로 태양
계로 치면 금성 거리에서 공전하는 셈인데, 모항성인 쌍성계의 에너지

를 합쳐도 태양보다 훨씬 약하기 때문에 실제로는 생각보다 굉장히 추운 행성일 듯하다.

이 행성은 쌍성계의 질량 중심 주변을 안정적으로 공전해야 한다는 한계 때문에 우리 입장에서는 쾌적하지 않은 환경일 수도 있다. 하지만 이런 외계행성의 발견은 쌍성계의 질량 중심을 공전하는 또 다른 외계행성이 존재할 수 있다는 사실을 알려준다. 만약 태양 같은 쌍성계가 굉장히 가까운 거리에서 공전하고 있고 그 쌍성계를 1AU~1.5AU 정도의 거리에서 안정적으로 공전할 수 있는 외계행성이 있다면, 〈스타워즈〉에 나오는 타투인 행성이 실제로 존재할 가능성도 충분하다. 실제로 이 행성은 태양과 금성 사이만큼의 거리에서 쌍성계를 공전하지만 케플러 16 A와 케플러 16 B의 질량이 작아서 너무 추운 경우다.

타투인 행성이 2개의 태양을 공전하고 있는 모습은 환상적이지만, 실제로 발견되는 외계행성은 〈스타워즈〉의 상상력을 뛰어넘는 경우가 있다. 켈트^{KELT} 4라고 불리는 항성계는 켈트 4 B와 켈트 4 C가 서로 가까운 거리에서 30년 주기로 공전하고 있는 항성계다. 재미있는 것은 켈트 4 A 항성을 켈트 4 B와 켈트 4 C가 같이 돌고 있다는 것이다. 그리고 켈트 4 A 주변에는 목성 크기의 가스행성인 켈트 4 Ab가 존재한다.

만약 이 외계행성에 지구만 한 크기의 위성이 존재한다면 이곳에서 바라보는 하늘의 모습은 매우 다채로울 것이다. 바로 앞에는 목성 크기의 가스행성이 있고 하늘엔 태양만 한 별이 떠 있을 것이다. 그리고 저 멀리 다른 별들보다 수천 배 밝은 두 별이 서로 30년 주

켈트 4 Ab 행성에 위성이 존재한다면 그곳에서 보는 밤하늘의 모습은 사진과 같을 것이다.

기로 공전하는 모습을 볼 수 있을 것이다. 이렇게 다채로운 풍경은 〈스타워즈〉 저리 가라 할 정도의 아름다운 풍경일 것이다. 다만 왼쪽의 이미지는 굉장히 미화되어 있다. 왜냐하면 실제로 켈트 4 Ab 행성은 모항성에서 굉장히 가까운 거리에서 돌고 있는 뜨거운 목성형 행성이기 때문에 표면은 굉장히 뜨거울 것이기 때문이다. 따라서 이 아름다운 풍경을 보기 위해 방문했다면 그 아름다운 풍경이 인생의 마지막 풍경이 될 수도 있다.

우선적으로 가야 할 곳 1순위! 다이아몬드 행성

다이아몬드는 순수한 탄소 원자가 높은 열과 압력을 받아서 만들어진다. 지구 생성 초기에 가해졌던 높은 열과 압력이 다이아몬드를 만들었을 것으로 추정된다. 하지만 지구에서는 다이아몬드를 쉽게 볼 수 없는데, 그 이유는 지구 생성 초기에는 탄소보다 산소가 훨씬 많았기 때문이다. 태양계 행성은 모두 탄소보다 산소가 많았어서, 그 덕분에 당시 존재하던 많은 탄소들이 탄산염 광물을 형성하게 되었고 이산화탄소 대기를 가질 수 있었다. 하지만 우주에 존재하는 모든 행성이 지구처럼 탄소보다 산소가 많은 것은 아니다.

우주에 있는 항성들은 조금씩 다른 원소의 구성비를 갖고 있는데, 흡수 스펙트럼을 통해서 해당 항성의 원소 구성비를 알 수 있다. 흡수 스펙트럼은 각 원자가 갖는 에너지 준위의 분포에 따라 흡수하는 파장의 빛이 달라지는 것을 이용한다. 원자를 지나쳐 온 빛을 관찰하면 특정 파장이 비어 있는데, 이렇게 비어 있는 특정 파장의 빛의 분포를 파악해서 항성의 원소 구성비를 알 수 있는 것이다.

예를 들어 태양은 분광형 G2로 우리 눈에는 거의 백색으로 보인다. 물론 이것은 지구의 생명체가 태양에서 나오는 빛을 받는 환경에서 진화해서 태양 스펙트럼에 맞게 변화한 결과라고 추측할 수 있다. 어쨌든 태양은 결국 백색이지만 태양 빛을 프리즘에 통과시키게 되면 여러 개의 파장대의 빛이 합쳐져 있는 걸 알 수 있다. 아래 그림은 퀘이사에서 나오는 빛의 흡수 스펙트럼 사진이다. 이 스펙트럼에서 검은색으로 줄이 가 있는 부분은 원자가 빛의 특정 파장대를 흡수하면서 나타나는 현상으로 이 흡수 스펙트럼을 연구하면 원소 구조를 알 수 있다.

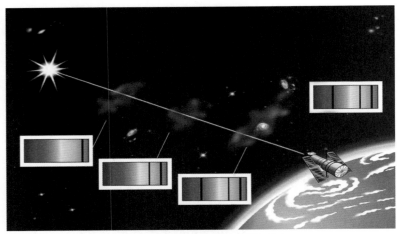

항성 스펙트럼으로 원소 구성비를 예측하는 원리

이와 유사한 원리로 항성에서 나오는 빛에서도 항성의 원소 구성비를 추측할 수 있는데, 이것이 주변을 돌고 있는 행성에도 영향을 줄 수 있기 때문에 외계행성의 원소 구성비를 추측해볼 수 있게 되는 것이다.

태양의 경우 탄소보다 산소가 많기 때문에 태양계의 행성이나 소행성들은 대부분 탄소보다 산소가 많다. 하지만 우리 은하의 중심부에 있는 항성들 중에는 산소보다 탄소가 많은 항성들도 분명 존재한다. 이 경우 항성들에 행성이 존재한다면 그 행성도 산소보다 탄소의 구성비가 많을 것이라고 추측할 수 있다.

WASP 12b 행성은 지구로부터 약 870광년 떨어져 있는 WASP 12 항

WASP 12b의 상상도

성을 돌고 있는 외계행성이다. 모항성의 크기는 태양과 비슷하며 분광형도 G0으로 태양과 유사하지만, 관측 결과 이 항성은 태양과 달리 산소보다 탄소의 구성비가 높다는 사실이 확인되었다. 2008년 WASP 12의 외계행성으로 발견되면서 WASP 12b로 명명되었다. 이 행성은 지금까지 많이 나왔던 뜨거운 목성형 행성이기 때문에 우리가 가서 살 수 있을 가능성은 없다. 하지만 WASP 12 같은 항성에서도 외계행성이 발견되었으므로 멀리 떨어진 궤도에 지구 같은 크기의 외계행성이 존재하지 말라는 법도 없다.

그렇다면 지구 크기의 외계행성에 만약 탄소가 산소보다 많으면 어떤 일이 생길까?

일단 항성으로부터 받는 온도가 지구와 비슷하고 대기가 존재한다면 공기부터 전혀 다를 것이다. 대기가 존재한다면 탄소화합물로 이뤄져 있을 것이고 우리가 사용하는 부탄가스나 메탄, 벤젠 같은 천연가스가 대기에 많을 것이다. 이런 탄소화합물을 연소시킬 산소가 탄소에 비해 부족하기 때문에 연소되지 못하고 남게 된다. 게다가 지표면은 석유가 너무 많아서 석유로 된 강이나 호수가 있을 수도 있겠지만, 산소가 부족해서 부탄가스든 메탄이든 휘발유든 불을 붙여도 불이 붙지 않을 것이다. 불이 붙으려면 산소와 화학적 결합을 이뤄야 하는데, 산소의 양이 절대적으로 부족하기 때문이다. 지구에서는 산소가 더 많기 때문에 산소와 결합하는 탄소, 즉 석유나 휘발유 등이 고갈되고 나서야 불이 꺼지지만, 외계행성에서는 석유나 휘발유가 고갈되고 나서야 불이 꺼지는 게 아니라 산소의 고갈로 불이 꺼질 것이다.

그래서 이런 외계행성은 우리에게 풍부한 상상력을 불러일으키기도 한다. 예를 들어 행성의 생성 초기부터 엄청나게 많았을 순수한 탄소가 충분한 열과 압력을 받았을 것이므로, 다이아몬드 또한 엄청나게 많을 것이란 상상 등이다.

물론 아직까지 발견된 탄소행성 중 지구 같은 온도 조건을 가진 행성은 없지만, 은하 중심부에 있는 항성 중에 탄소의 구성비가 높은 항성들이 꽤 많다는 점을 생각하면 우리 은하에 다이아몬드 행성이 많을 것이라고 충분히 예상할 수 있다. 아마 그런 행성에 가면 다이아몬드나 석유 같은 탄화수소의 가치는 지구의 물과 같이 매우 저렴한 대신, 물이나 산소 같은 자원은 매우 비싸고 희귀한 자원이겠지만 말이다.

조만간 외계행성이 더 많이 발견되어서 골디락스 존에 위치한 다이아몬드 행성들이 발견되었으면 좋겠다. 그때가 되면 다이아몬드 가격은 폭락할 수 있으니 미리 처분해두는 게 좋을지도 모르겠다.

<인터스텔라>에서 등장했던 바다행성

영화 〈인터스텔라〉에서 첫 번째로 나오는 행성은 지표면이 없이 바다만 존재한다. 이런 행성을 바다행성이라고 부른다. 영화에서는 바다가 매우 얕은 것으로 묘사되었지만 실제 바다행성은 지표면이 없고 어디에서나 수심이 수십 킬로미터가 넘는 망망대해가 펼쳐져 있을 뿐이다. 이런 행성이 존재한다면 지표면에 사는 우리들 입장에서는 별로 좋지 못한 조건이지만, 물이 생명의 기원이라는 걸 생각해보면 외계생명체를 발견하기 가장 좋은 장소는 어쩌면 바다행성일 수도 있다.

케플러 22는 태양계에서 600광년 떨어진, 태양과 비슷한 분광형 G형 항성이다. 케플러 우주망원경이 외계행성의 존재를 발견하기 전까지는 600광년 거리의 그저 평범한 별이었다. 그러다가 케플러 미션 이후 케플러 우주망원경의 관측 범위에 속하는 별이 되었고, 2011년 통과관측법에 의해 새로운 외계행성이 발견되었다.

생명체 거주 가능 영역에서 공전 중인 케플러 22b와 태양계 비교

태양계로 치면 금성과 지구 사이의 궤도를 돌고 있는 이 행성은 케플러 22b라는 이름이 붙었다. 크기는 지구 지름의 약 2.4배이며, 물이 액체로 존재할 수 있는 영역인 골디락스 존을 돌고 있었다. 케플러 22의 밝기가 태양보다 어둡기 때문에 실제 받는 에너지양은 지구와 비슷할 것이다. 케플러 22까지의 거리 때문에 도플러 효과를 이용한 측정을 동시에 하거나 행성의 밀도를 정확히 측정하지는 못했지만 과학자들은 이 행성에 물이 풍부할 것으로 추정했다.

만약 물이 풍부한 행성이라면 이 행성은 이론상으로 존재하는 바다 행성일 수도 있다. 태양계에서 이런 행성은 전혀 존재하지 않는다. 지

케플러 22b의 상상도

구는 바다가 지표면의 70%를 덮고 있지만 행성에서 물이 차지하는 비중은 전체 질량의 0.1%도 되지 않는다.

반면 바다행성은 행성 질량의 10% 이상이 물로 이뤄진 행성이다. 이 행성의 전체 밀도가 물과 비슷하다면 지름이 지구의 2.4배나 되지만 중력은 지구의 42%에 불과할 것이다.

만약 이 행성이 지구와 비슷한 온실효과를 가지고 있다면 평균온도는 섭씨 22도 정도로 추정되며 매우 쾌적할 것이다. 이 행성의 표면을 탐사하려고 한다면 〈인터스텔라〉에서 등장한 탐사선보다는 선박이나 잠수함 같은 형태의 탐사선이 필요할 것이다.

온통 물로만 이뤄진, SF 영화에서나 나올 법한 바다행성은 태양계에서는 전혀 존재하지 않는다는 점에서 많은 상상을 하게 만든다.

행성들도 가출을 한다고? 엄마 잃은 떠돌이 행성 플레니모

태양계의 모든 행성은 태양을 중심으로 공전하고 있다. 지금까지의 행성 생성에 관한 이론에 의하면 태양 같은 항성이 생길 때 발생한 먼지 디스크에 의해 행성이 생성되기 때문에, 원래 항성을 돌고 있던 먼지 디스크는 그 운동량을 그대로 보존해서 행성이 되었을 때도 그대로 항성을 돌게 될 것이다. 하지만 과학자들은 항성 주변을 돌지 않고 우주공간에서 혼자 은하계 중심을 돌고 있는 떠돌이 행성이 존재할 수도 있다고 추정했다. 이러한 행성들을 항성

떠돌이 행성 플레니모의 상상도

간 행성 또는 떠돌이 행성으로 부르기도 한다.

행성은 원시 항성계의 먼지 디스크에서 생성되기 때문에 얼핏 생각하면 떠돌이 행성은 존재하지 않을 것만 같다. 하지만 컴퓨터 시뮬레이션에 의하면 이런 행성들은 오히려 우주에 굉장히 많을 것으로 예상된다. 도플러 효과를 이용해서 첫 번째 외계행성을 발견한 이후 발견된 수많은 외계행성들은 하나같이 뜨거운 목성형의 거대 가스행성이었다. 기존의 행성 형성 이론으로는 뜨거운 가스행성이 생겨나는 메커니즘이 명확하지 않았다. 컴퓨터 시뮬레이션 결과 물이 얼 수 있는 궤도 밖에서 생성된 가스행성들이 먼지 디스크와 중력의 상호작용으로 서서히 안쪽 궤도로 이동하면서 안쪽에 있는 행성들을 잡아먹거나 튕겨낼 수 있다는 것이 밝혀졌다.

태양계의 경우에는 목성이 현재 위치보다 먼 궤도에서 형성되었다가 안쪽으로 이동하던 중에 원시 가스가 전부 사라져서 다행히 더 안쪽으로 오지 못했고 그 결과 운 좋게 지구와 우리들이 살아남은 것이라고 생각한다. 하지만 우주에는 이렇게 운이 따라주지 못한 항성계도 분명히 많을 것이다.

컴퓨터 시뮬레이션에 의하면 안쪽 궤도로 이동하는 거대 가스행성의 중력에 의해서 현재 우리가 인공위성을 먼 궤도로 보낼 때 사용하는 일종의 스윙바이swingby, 중력 도움 효과를 통해 내행성에 있던 행성이 먼 궤도로 튕겨 나갈 수도 있다. 경우에 따라서 항성의 중력권을 벗어날 정도로 튕겨 나가게 된다면 그 행성은 모항성을 잃고 인터스텔라(항성과 항성 사이의 빈 공간)에 내던져질 것이다. 문제는 이런 행성은 우리가 발견하는 게 사실상 불가능하다는 것이다. 항성 주변을 돌고 있는 행성은 도플러 효과나 통과관측법으로 발견할 수 있지만, 인터스텔라에 빛도 내지 않는 이런 작은 행성을 관측하는 건 불가능하기 때문이다.

또 다른 방식으로 떠돌이 행성이 생길 수도 있다. 태양 같은 항성은 가스 구름이 응축하고 그로 인해 핵융합이 가능한 수준까지 응축하면 항성이 되는데, 응축할 때 가스의 양이 모자랄 경우 항성이 되지 못할 수도 있다. 대략 목성의 13배 이하의 질량을 지니게 되면 자체 중력만으로 그 어떤 핵융합도 불가능한 가스행성이 된다. 그런데 목성의 13~80배 정도의 질량을 가진 천체는 태양의 핵융합 같은 활동은 불가

떠돌이 행성 플레니모의 상상도

능하지만 우리가 핵융합 발전 상용화를 위해 연구하는 중수소-삼중수소 핵융합 같은 특수한 핵융합은 가능할 수도 있다. 이런 천체를 갈색왜성이라고 부른다. 현재는 갈색왜성을 항성도 행성도 아니라 하여 준항성으로 부르고 있다. 준항성인 갈색왜성과 가스행성의 경계에 걸쳐 있는 항성들은 핵융합은 못하지만 커다란 크기로 인해 뜨거운 온도를 보존하고 있을 수 있다.

물론 핵융합을 하는 항성과 같은 열복사와 밝기는 갖지 못하기 때문에 현재의 기술로는 관측이 거의 불가능하지만, 계속해서 관측 기술이 발전하고 있는 만큼 떠돌이 행성을 관측할 수 있는 날도 곧 오게 될 것이다.

2004년, 스피처 우주망원경과 허블 우주망원경에 의해 태양계로부터

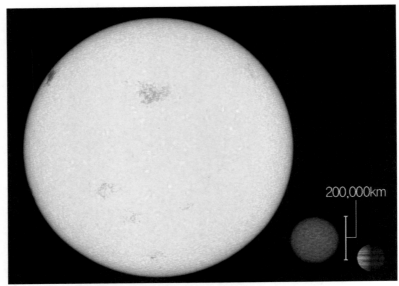

200,000km

왼쪽부터 태양과 이론상 존재할 수 있는 가장 작은 별 그리고 목성의 크기 비교

163광년 거리에서 목성 질량의 8배 정도에 해당하는 가스행성의 존재
가 확인되었다. 지속된 연구 결과를 종합해보면 우리 은하에 이런 떠돌
이 행성이 수천억 개 존재할 수 있다고 한다. 어쩌면 이런 떠돌이 행성
도 목성처럼 거대한 위성을 지니고 있을 수도 있다. 목성의 위성인 이
오가 목성의 기조력에 의해 뜨겁게 달궈지는 것처럼 지구 크기의 위성
이 떠돌이 행성의 중력에 의해 적당한 표면온도를 가지고 있어 생명체
가 살고 있다면 이곳에 사는 생명체는 평생 동안 태양을 보지 못할 것
이다. 매일매일 별빛밖에 보이지 않는 어두운 날들만 있을 것이어서,
이런 곳에서 생겨난 생명체는 시각의 필요성을 느끼지 못해서 눈이 없

는 형태로 퇴화할 수도 있다. 아직은 떠돌이 행성의 위성이 발견되지는 않았지만 이런 생태계가 존재한다면 정말 신기할 것 같다.

물론 어두운 곳을 무서워하는 겁 많은 사람들은 방문하지 않는 걸 추천한다.

5장

다양한 행성으로 이루어진
유사 태양계

태양계가 신비로운 이유는 수많은 암석형 행성들과 가스형 행성들이 조화를 이루고 있어서다. 태양계의 8개 행성 중 운 좋게 모항성으로부터 적당한 거리에서 태어난 덕분에 우리는 삶의 즐거움을 누리고 있다. 물론 삶이 매일 즐겁기만 하진 않겠지만, 책의 앞부분에서 설명한 뜨거운 목성형 행성과 비교하면 지구에서 태어난 게 얼마나 행복한 일인지 새삼 깨닫게 될 것이다. 어쩌면 다양한 행성들이 다양한 궤도에 존재하는 덕분에 우리가 생겨났을 수도 있다. 외계행성을 찾을 때도 다양한 행성들이 존재하는 행성계를 찾는다면 더없이 좋을 것이다.

과거에는 이것이 말도 안 되는 공상과학에 속하는 이야기였지만 이제는 상황이 달라졌다. 약 4,500개의 외계행성을 찾아냈기 때문이다. 물론 상당수가 더 이상 듣기도 지겨운 뜨거운 목성형 행성이지만 그중에서도 분명 태양계 같은 보물들이 존재했다. 태양계처럼 다양한 행성으로 이뤄진 항성계를 유사 태양계라 부른다. 지금까지 발견된 신기한 유사 태양계들을 이제부터 소개하고자 한다.

유명인사가 된 글리제 581 항성계

2007년에 발견된 글리제 581 항성계를 돌고 있는 외계행성은 많은 화제를 불러왔다. 그 이유는 글리제 581이 태양으로부터 매우 가까운 거리에 속하는 별이기 때문이다. 사실 글리제라는 이름이 붙은 별들은 모두 태양에서 상당히 가까운 편에 속하는 항성들이다. 글리제는 독일의 천문학자 빌헬름 글리제Willhelm Gliese가 지구로부터 26파섹 이내에 있는 별들을 조사하기 위해 만들었던 근접 항성 목록에 기재된 별들이다. 따라서 기존에 이름을 가지고 있던 항성이든 아니든 간에, 태양으로부터 26파섹 이내에 있으면서 당시 관측이 가능했던 모든 항성은 글리제 ×××라는 항성 이름을 별도로 갖고 있다. 예를 들어 밤하늘에서 가장 밝은 별이자 굉장히 유명한 별인 시리우스는 글리제의 근접 항성 목록에서는 글리제 244라고 불린다.

글리제 항성 목록에 있는 항성들은 태양에서 가장 가까운 별들이기 때문에 이곳에서 외계행성이 발견되기만 해도 화제가 되곤 한다. 아마도 당장의 과학기술로는 무리지만 가까운 미래에 인류의 접근이 가능할 것이라고 생각되는 위치에 있기 때문일 것이다. 그중에서 글리제

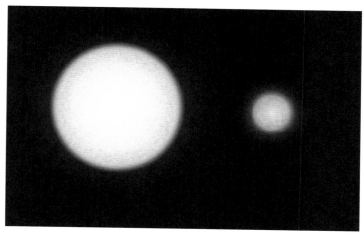

태양(왼쪽)과 글리제 581(오른쪽)의 크기 비교 사진

581은 글리제 항성 목록에서도 태양과 매우 가까운 편으로, 태양으로부터 불과 20.3광년 떨어져 있다.

항성의 크기는 태양보다는 훨씬 작은 적색왜성이기 때문에 태양에서 매우 가까운 편임에도 맨눈으로는 관찰이 불가능하다. 이 별이 화제가 된 이유는 항성 내에서 외계행성이 1개도 아니고 현재까지 무려 6개나 발견되었기 때문이다. 2005년 첫 번째 외계행성인 글리제 581b를 시작으로 2010년에 글리제 581g까지 6개의 행성이 발견되었다. 태양계의 행성이 8개인 점을 생각하면 거의 최초로 발견된 미니 태양계라고 할 수 있기 때문에 당시에 많은 화제가 되었다.

2008년, 이런 이유로 지구인(?)들의 관심을 받게 된 글리제 581에 지구에서는 전파망원경을 이용한 '지구로부터의 메시지'라는 내용의 전파

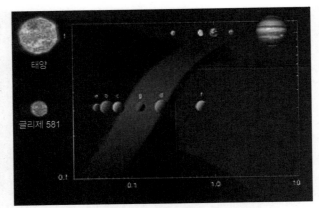

태양계와 글리제 581 항성계의 골디락스 존과 행성 비교

를 발사했다. 글리제 581까지의 거리를 생각하면 이 메시지는 2029년 에 도착한다고 한다.

글리제 581의 여러 외계행성 중에 뜨거운 관심을 받는 행성은 글리 제 581d와 글리제 581g다. 이 두 행성 모두 모항성까지의 거리는 태양 과 수성 사이의 거리보다 조금 가깝지만, 모항성인 글리제 581이 태양 보다 작은 적색왜성인 점을 생각하면 지구와 비슷한 온도를 지녔을 것 으로 생각된다.

글리제 581d는 2007년 발견되었는데, 지구와 해왕성의 중간 크기쯤 되는, 일명 슈퍼지구라고 불리는 행성이다. 슈퍼지구형 행성은 지구보 다 크고 해왕성보다는 작은 암석으로 이뤄져 있을 가능성이 높은 외 계행성이다. 글리제 581d가 받는 에너지양은 태양계에서는 대략 화성 이 받는 에너지와 비슷할 것으로 생각되며 표면 온도가 영하 18도 정도

글리제 581c 상상도

로 조금 추울 것이라고 예상된다. 그러나 지구보다 질량이 크다는 점에서 온난화 효과를 고려하면 지구와 비슷한 온도일 수 있다고 추측하고 있다.

만약 온난화 효과가 있다면 이 외계행성에서는 물이 액체 상태로 존재할 수 있다. 표면에 많은 물이 있을 수 있다는 연구가 발표되면서 바다행성으로 추측되기도 했다. 행성이 암석으로만 이뤄져 있기에는 너무나 부피가 크기 때문이다. 따라서 원래는 얼음으로 이뤄져 있던 행성이 내부로 끌려오면서 녹아서 바다로만 이뤄진 바다행성이라는 추측도

글리제 581e 상상도

존재한다. 또한 글리제 581d의 부피가 너무 커서 예상외로 가스행성일수 있다는 주장도 있다. 글리제 581d가 가스행성이든 슈퍼지구든 골디락스 존 바깥 근처에 위치하고 있기 때문에 발견 당시 많은 주목을 받았다.

그에 비해 글리제 581g는 지름이 지구의 1.3~2배 이하인 암석형 행성으로 예상된다. 위치는 글리제 581d보다 조금 더 안쪽에서 모항성을 돌고 있기 때문에 이 외계행성이 항성으로부터 받는 에너지양은 지구와 매우 비슷할 것이다. 만약 글리제 581에 외계생명체가 살고 있고 2008년에 우리가 보냈던 메시지를 받을 수 있다면, 아마도 그 외계생명체는 글리제 581g에 있을 가능성이 매우 높다. 글리제 581g에 외계생명체가 있어서 우리에게 답장을 바로 보낸다면, 우리는 2049년에 그 메시지를 받을 수 있을 것이다.

만약 2049년에 외계인으로부터 메시지를 받게 된다면 어떻게 해야 할까?

외계행성이 무더기로 발견된 HD 10180 항성계

글리제 581 발견 이후 천문학자들은 우리 은하에서 더 많은 유사 태양계를 발견할 수 있을 것으로 기대해 왔다. 하지만 책의 앞부분에서 설명한 것처럼 외계행성을 발견하는 것은 쉬운 일이 아니기 때문에 우리 은하에 유사 태양계가 아무리 많다고 하더라도 많은 외계행성을 발견하는 건 어려운 일이다.

그러던 중 2012년에 태양으로부터 127광년 정도 떨어진 HD 10180이라는 항성에서 엄청난 수의 외계행성들이 발견된다. 이 항성은 태양과 질량은 비슷하지만 머지않아 주계열성 단계를 끝내고 거성 단계에 진입할 것으로 예상되는 별로, 태양보다 약 1.2배 크고 밝기는 태양보다 1.5배 정도 밝다.

제네바 대학교의 크리스토프 로비스Christophe Lovis가 이끄는 연구팀은 6년간의 관측 결과 이 항성이 약 9개의 외계행성을 거느렸을 것으로 발표했다. 하지만 타당하다고 검증된 외계행성은 5개에 불과했고 현재까지 추가 검증으로 확정된 외계행성의 수는 7개다.

외계행성 (항성에서 가까운 순서)	질량	공전거리(AU)	공전주기(일)	궤도이심률
b	>1.3 ± 0.8 $M_\oplus$	0.02222 ± 0.00011	1.17766 ± 0.00022	0.0005 ± 0.0049
c	>13.0 ± 2.0 $M_\oplus$	0.064 ± 0.0010	5.75973 ± 0.00083	0.07 ± 0.08
i (미확인)	>1.9 ± 1.8 $M_\oplus$	0.0904 ± 0.047	9.655 ± 0.072	0.05 ± 0.23
d	>11.9 ± 2.15 $M_\oplus$	0.1284 ± 0.0061	16.354 ± 0.0013	0.011 ± 0.013
e	>25.0 ± 3.9 $M_\oplus$	0.270 ± 0.0013	49.75 ± 0.007	0.001 ± 0.010
j (미확인)	>5.1 ± 3.2 $M_\oplus$	0.330 ± 0.016	67.55 ± 1.28	0.070 ± 0.12
f	>23.9 ± 1.4 $M_\oplus$	0.04929 ± 0.0078	122.88 ± 0.65	0.13 ± 0.015
g	>21.4 ± 3.4 $M_\oplus$	1.415 ± 0.091	596 ± 37	0.03 ± 0.40
h	>65.8 ± 65.8 $M_\oplus$	3.49 ± 0.60	2300 ± 550	0.18 ± 0.016

HD 10180 항성계. i와 j는 아직 존재가 최종 확인되지 않은 외계행성이다.

아직 남은 2개의 외계행성이 아직 관측 데이터가 맞는지 검증이 끝나지 않았지만, 이 항성계는 현재까지의 정보로는 최소 7~9개의 외계행성을 거느리고 있을 것으로 예상된다.

재미있는 사실은 이 많은 행성들의 대부분이 태양계로 치면 지구보다 안쪽 궤도를 돌고 있다는 점이다. 확정된 7개의 행성 중 무려 5개의 행성이 태양계의 금성보다도 안쪽 궤도를 돌고 있다. 그리고 이 항성계의 외계행성들은 한 번에 무더기로 발견되었기 때문에 항성에 가까울수록 순서가 낮은 알파벳을 쓴다.

보통 외계행성은 발견된 순서대로 뒤에 알파벳을 붙여서 이름을 매긴다. 이때 a는 사용하지 않고 b부터 쓴다. 예를 들어 글리제 581b는 글리제 581 항성에서 가장 먼저 발견된 외계행성이다. 그다음으로는 c, d, e, f⋯ 순으로 번호가 붙는데, 이 번호의 알파벳 순서는 발견된 순서일뿐 모항성까지의 거리와는 무관하다. 가끔 태양계의 행성인 수성ㆍ금

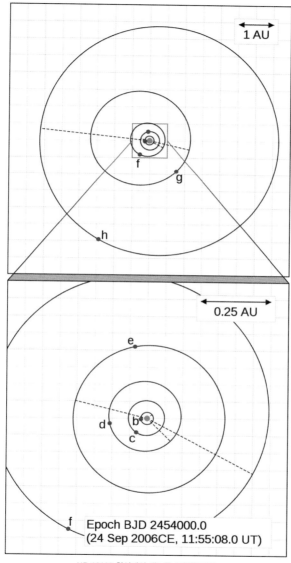

1 AU

0.25 AU

f

Epoch BJD 2454000.0
(24 Sep 2006CE, 11:55:08.0 UT)

HD 10180 항성계의 궤도를 표현한 그림

성 · 지구 · 화성 · 목성 · 토성 · 천왕성 · 해왕성처럼 궤도가 가까운 순으로 번호를 매긴다고 오해하는데 잘못된 것이다.

하지만 HD 10180은 항성계에 있는 외계행성들이 한꺼번에 검증되면서 태양계처럼 모항성에 가까운 순서로 번호를 붙였다. 그래서 HD 10180b 같은 경우는 모항성에서 가장 가까우며 가장 뜨거울 것으로 생각되고, 현재까지 발견된 것 중 가장 멀리 떨어진 HD 10180h는 가장 멀고 가장 추울 것으로 예상된다.

HD 10180b는 모항성으로부터 불과 0.02AU 거리에서 공전하고 있다. 이는 엄청나게 가까운 거리로 태양과 지구 간 거리의 2%에 불과한 거리에서 공전을 한다는 의미다. 질량은 지구의 1.35배 정도로 지구와 비슷하지만 이런 거리에 있다면 표면이 다 녹아서 용암으로 이뤄져 있을 것이다.

HD 10180c와 HD 10180d는 지구 질량의 10배 정도 되는 슈퍼지구형 행성으로 추측되는데, 이들도 수성보다 가까운 거리에서 태양보다 뜨거운 항성을 공전하고 있기 때문에 금성보다 훨씬 심한 불지옥 상태일 것이라고 추측된다.

HD 10180e부터 HD 10180h까지는 모두 가스형 행성으로 추정되며, HD 10180e는 태양계에서 수성 정도 거리에 위치한 가스행성으로 생각된다. 역시나 상당히 가까운 거리인데 모항성이 태양보다 좀 더 뜨겁기 때문에 수성보다 더 큰 에너지를 받고 있다. HD 10180f의 경우에는 금성과 수성 사이의 궤도로 크기나 온도가 HD 10180e와 유사할 것이다.

HD 10180d 상상도

여기까지만 보면 HD 10180b부터 HD 10180d가 지구형 행성, HD 10180e부터 HD 10180h가 목성형 행성으로 이뤄져 있고, 태양계의 궤도를 축소해놓은 또 다른 태양계라고 봐도 무방할 정도다. 만약 현재 확인되지 않은 HD 10180i가 실제 존재한다면 이 행성도 암석형 행성일 것이기 때문에 4개의 지구형 행성과 HD 10180 항성계는 4개의 목성형 행성이 있는 항성계이게 된다. 태양계가 4개의 지구형 행성과 4개의 목성형 행성으로 이뤄져 있는 걸 생각하면 행성의 구성 면에서 완전 판박이다.

이 항성계에서 가장 흥미로운 행성은 HD 10180g로, 모항성으로부터 1.41AU 거리에 떨어져 있다. 1AU는 태양과 지구 사이의 거리이므로 지구보다 1.41배 멀리 떨어져 있는 것이다. 하지만 HD 10180이 태양보다 뜨거운 항성임을 고려하면 HD 10180g가 받는 에너지양은 지구와 비슷하거나 조금 더 추울 것으로 생각된다.

HD 10180g는 가스행성이기 때문에 사람이 살 수는 없지만 만약 이 행성이 위성을 지니고 있다면 지구와 비슷한 온도 조건을 가질 수 있다.

HD 10180 항성계는 최다 외계행성을 보유했으며, 암석형 행성과 가스형 행성을 포함하고 있고, 안쪽 궤도에 암석행성과 그 밖에 가스행성이 있다는 점에서 2012년까지는 태양계와 가장 유사한 항성계였다고 볼 수 있다. 실제 행성들의 모습은 상상도와는 큰 차이가 있을 가능성이 높지만, 상상도로 본 행성의 모습이 무척 아름답다는 건 부인할 수 없는 사실이다.

HD 10180 항성계 발견 이후로 외계행성의 발견 속도는 엄청난 가속이 붙게 된다. 2009년 발사된 케플러 우주망원경의 데이터가 분석되기 시작하면서 이전과는 비교도 안 되는 속도로 외계행성들이 발견되기 시작했고 현재도 추가로 계속 늘어나고 있다.

케플러 우주망원경의 활약으로 유사 태양계라 부를 만한 항성계들도 발견되긴 했지만 HD 10180보다 더 태양계와 비슷한 항성계는 없었다.

그러다 2013년 분석된 케플러 우주망원경의 데이터에 의해 새로운 외계행성들이 발견되기 시작한 항성계가 있는데, 2017년까지 무려 8개의 외계행성이 존재하는 것으로 확인되었다. 재미있게도 태양계 역시 현재 8개의 행성으로 이뤄져 있다는 점을 생각하면 매우 놀라운 일이다.

태양계의 도플갱어, 케플러 90 항성계

케플러 90은 케플러 우주망원경에 의해서 외계행성이 발견되기 전까지는 별다른 주목을 받지 못한 평범한 별이었다. 태양과 비슷한 크기에 거리도 지구로부터 2,545광년이나 떨어져 있어서 성능 좋은 망원경이 아니면 관측도 힘든 별이었기 때문이다. 마땅한 이름조차 없었기에 굉장히 복잡한 항성 카탈로그 번호(2MASS J18574403+4918185)로 불리고 있었으나, 케플러 우주망원경에 의해 외계행성이 발견되면서 케플러 90이라는 이름이 붙었다.

가까운 궤도에서 돌고 있는 6개의 행성은 슈퍼지구 내지 미니 해왕성 정도 크기이고, 그 바깥에 2개의 가스행성이 돌고 있다. 재미있는 건 이 8개나 되는 외계행성이 전부 태양과 지구 사이보다 가까운 거리에서 모항성을 공전하고 있다는 것이다. 그리고 공전 중인 8개의 행성은 서로에게 중력을 행사하는 궤도 공명 상태에 있다.

궤도 공명은 목성의 4대 위성을 생각하면 이해가 편하다. 목성은 이오, 유로파, 가니메데, 칼리스토라고 하는 4개의 위성을 거느리고 있는데, 이 중 3개의 위성이 목성을 공전하는 속도는 4:2:1로, 이오가 4바퀴를 돌 때 유로파는 2바퀴를 돌고 가니메데는 한 바퀴를 돌게 된다. 이는 서로 중력을 행사할 수 있을 정도로 거리가 가까울 때 생기는 현상으로, 서로 매우 가까운 거리에서 공전하는 케플러 90 항성계에 있는 행성들도 목성의 위성들처럼 궤도 공명을 하는 것으로 밝혀졌다. 궤도 공명을 하면 공전궤도가 안정적으로 유지된다는 장점이 있다.

케플러 90 항성계와 태양계 행성들의 크기 비교

　다만 많은 행성들이 궤도 공명 관계로 얽히면서 상당히 복잡한 형태의 궤도 공명을 하고 있다. 케플러 90b와 케플러 90c는 서로 4:5, 케플러 90c와 케플러 90i는 3:5, 케플러 90i와 90d는 1:4, 그 뒤로 케플러 90d:케플러 90e:케플러 90f:케플러 90g:케플러 90h는 2:3:4:7:11의 비율로 궤도 공명을 하면서 8개의 행성들이 서로 간에 중력을 행사하고 있다.

　궤도 공명과 관련하여 재미있는 이야기가 있는데, 가장 마지막에 발견된 케플러 90i는 2017년 말 딥러닝 인공지능이 발견한 외계행성이다. 인공지능은 케플러 90b에서 케플러 90h까지의 데이터를 종합해서 수학적인 비례관계가 있다는 것을 알아냈고, 케플러 90c와 케플러 90d 사이에 외계행성이 추가로 존재할 것을 예상했다. 그래서 케플러 90b에서 케플러 90h까지는 공전궤도 순서대로 번호가 매겨졌지만 케플러 90i만

인공지능에 의해 나중에 발견되면서 케플러 90c와 케플러 90d 사이에 있게 된 것이다.

검증 결과 인공지능이 예상한 위치에서 공전하고 있는 케플러 90i의 존재가 확인되었고, 추가 검증을 통해 케플러 90i가 이 항성계에서는 가장 작은 외계행성으로 밝혀졌다. 케플러 90이 지구로부터 2,545광년이나 떨어져 있고 크기가 지구와 비슷했기 때문에 쉽게 발견되지 않았던 것으로 생각된다.

케플러 90b, 케플러 90c, 케플러 90i, 케플러 90d, 케플러 90e, 케플러 90f의 6개 행성의 크기는 지구형에서 슈퍼지구나 미니 해왕성급 행성인데, 모두 태양계의 금성보다 가까운 궤도에서 모항성을 공전하고 있다. 따라서 모두 항성으로부터 굉장히 가까운 거리에서 공전하기 때문에 대부분 뜨거운 상태일 것이다.

그중 케플러 90b, 케플러 90c, 케플러 90i는 태양계의 수성보다도 훨씬 가까운 거리에서 바짝 공전하고 있어서 매우 뜨거울 것으로 예상된다. 케플러 90d, 케플러 90e, 케플러 90f, 케플러 90g는 수성과 금성 궤도 사이에서 공전을 하고 있으며, 케플러 90g의 경우엔 토성과 비슷한 크기의 가스행성으로 여겨진다. 금성과 비슷한 궤도에서 돌고 있기 때문에 위성이 있다면 생명체가 존재할 수 있는 온도에 가까스로 포함될 수도 있지만 케플러 90이 태양보다 약간 더 뜨거우므로 가능성은 낮다.

지구와 가장 유사한 에너지를 받고 있을 것으로 생각되는 행성은 가장 멀리 떨어진 케플러 90h다. 이 행성은 목성보다도 무려 1.3배에 달하는 질량을 지녔을 것으로 생각되는 거대 가스행성이고 태양계에서 지구와 비슷한 궤도로 공전하고 있다. 약 1.01AU 거리에서 공전하고 있으므로 만약 이 외계행성에 지구만 한 위성이 존재한다면 지구와 비슷한 온도 조건을 가질 수 있다.

안타까운 것은 아직까지의 기술로는 외계행성의 위성을 파악하는 것이 불가능에 가깝다는 것이다. 다만 태양계에 있는 가스행성들이 모두 상당수의 위성을 지니고 있는 점으로 보아 외계행성들도 많은 위성을 거느리고 있을 것으로 추측하고 있다. 그래서 좋은 위치에서 가스행성을 발견하면 상상도에는 항상 가스행성을 돌고 있는 위성이 그려진다.

태양계의 축소 버전, 트라피스트^{TRAPPIST} 1 항성계

앞서 말한 유사 태양계 구조를 지닌 항성계들의 특징은 태양과 비슷한 항성을 다수의 행성들이 돌고 있다는 것이다. 항성의 특징과 행성의 숫자, 행성의 구성비율 등이 태양계와 매우 유사했지만 안타깝게도 생명이 거주할 수 있는 영역인 골디락스 존에 위치한 지구형 내지 슈퍼지구형 행성은 없었다. 골디락스 존에 있을 것으로 생각되는 행성들은 전부 가스행성이었고, 대부분의 행성들은 매우 뜨거운 행성들이었다.

그에 비해 2017년 발견된 트라피스트 1 항성계는 다른 의미로 유사 태양계라 불리는 항성계다. 항성에 트라피스트 1이라는 이름이 붙은 이유는 칠레에 있는 트라피스트 망원경이 발견한 첫 번째 외계행성이 포함된 항성이기 때문이다. 트라피스트 망원경은 이 항성계에서 3개의 외계행성을 발견했다. 트라피스트 1 항성계에는 이후 스피처 우주망원경에 의해서 4개의 외계행성이 추가로 발견되면서 도합 7개의 외계행성을 지닌 항성계로 인정받게 되었다.

하지만 이 항성은 태양보다 훨씬 작은 적색왜성이고, 심지어 적색왜성 중에서도 굉장히 작은 편에 속해서 크기가 목성보다 조금 더 큰 정도다.

트라피스트 1 항성계에서 발견된 외계행성들은 모두 태양계의 수성보다 가까운 궤도에서 모항성을 돌고 있었다. 재미있는 것은 7개의 행성이 서로 상당히 가까운 거리에서 공전하고 있어서 만약 이들 외계행

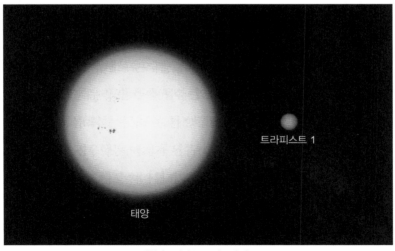

태양과 트라피스트 1의 크기 비교
트라피스트 1은 태양에서 불과 40광년 떨어진, 굉장히 가까운 편에 속하는 항성이다.

성에 생명체가 있다면 밤하늘에서 수많은 행성들을 매우 명확히 구분해서 볼 수 있을 것이다. 이들은 지구에서 달을 볼 때처럼 밤하늘에서 크게 보일 때가 있을 것이기 때문에 이곳에서 보는 밤하늘은 매우 다채롭고 예쁠 것이다.

트라피스트 1 항성계의 행성들은 앞서 말한 케플러 90처럼 행성들끼리 매우 가까운 거리에 있기 때문에 궤도 공명 관계를 이루고 있다. 재미있는 것은 발견된 7개의 외계행성이 전부 지구 같은 암석형 행성이라는 것이다. 가장 큰 행성도 지구 질량의 2배가 채 되지 않을 것으로 추정되는데, 이 데이터는 2018년 개선된 장비로 정밀하게 측정된 것으로, 지

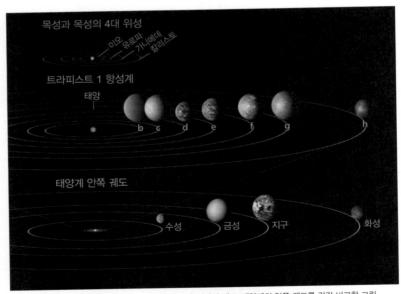

목성과 목성의 4대위성의 궤도, 트라피스트 1 항성계의 궤도, 태양계의 안쪽 궤도를 각각 비교한 그림

금까지 발견된 수많은 외계행성에 비해 비교적 정확히 측정된 수치다.

트라피스트 1에서 가장 가까이에 돌고 있는 트라피스트 1b는 실제 궤도가 지구와 태양 간 거리의 1%에 불과할 정도로 항성에서 엄청 가까운 거리를 돌고 있다. 그러나 트라피스트 1이 매우 어두운 적색왜성이기 때문에 실제 받는 에너지양은 수성과 금성 사이에서 받는 에너지양과 비슷할 것으로 생각된다. 트라피스트 1 항성계에 있는 행성들 중질량이 지구와 가장 유사하고, 발견된 외계행성들 중에서도 지구와 가장 비슷한 질량을 지녔을 것으로 보인다.

또한 항성으로부터 받는 에너지가 매우 큰 탓에 태양계 금성보다 훨씬 높은 대기압을 지녔을 것으로 측정되었다. 그 덕분에 대기 성분을 알아낼 수 있었는데 엄청난 양의 물이 있음을 확인했다. 수증기 압력만

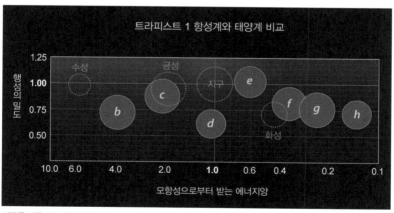

지구를 기준으로 태양계 행성과 트라피스트 1 항성계 행성들의 온도와 밀도, 크기를 각각 비교한 그림. 왼쪽으로 갈수록 뜨겁고 위쪽으로 갈수록 밀도가 높다. 원의 크기가 해당 행성의 실제 크기를 나타낸다. 파란색 점선은 지구와 태양계의 수성, 금성, 화성이고 알파벳으로 표현된 것이 트라피스트 1 항성계다.

해도 지구 대기압의 10배에서 최대 1만 배에 달해, 지표면의 물이 모두 끓어서 수증기가 되었다고 추정할 수 있다. 이 덕분에 이 항성계의 다른 행성에도 물이 풍부할 것이라는 추정이 가능해졌다.

트라피스트 1 항성계에서 가장 주목을 받는 외계행성은 트라피스트 1c, 트라피스트 1d, 트라피스트 1e다. 이들은 모두 골디락스 존에서 모항성을 공전하고 있어 굉장히 관심을 받는 외계행성들이다. 2018년에 트라피스트 1b에서 발견된 대량의 수증기 때문에 표면에 물이 있다는 추정도 가능하다.

이 중 모항성에서 가장 가까운 트라피스트 1c의 경우엔 태양계에서 금성이 받는 정도의 에너지를 모항성으로부터 받을 것으로 추측된다. 2018년 관측된 자료에 따르면 트라피스트 1c는 암석형 행성임이 확실해졌다. 물의 존재 여부는 아직 불확실한데 다른 행성들에서 수증기의 존재가 확인된 만큼 이 행성의 표면에도 물이 있을 수 있다. 다만 태양계의 경우를 생각해보면 트라피스트 1c와 가장 비슷한 행성은 금성이기 때문에 실제 이 행성의 상태는 금성과 비슷할 수도 있다.

지구와 가장 비슷한 환경일 확률이 높은 것은 트라피스트 1d와 트라피스트 1e인데, 트라피스트 1d의 경우엔 질량도 지구와 비슷하다. 하지만 정밀한 측정 결과 행성의 반지름이 지구의 80% 수준에 불과하다는 것이 밝혀졌다. 질량이 지구와 비슷한데 크기가 작다는 것은 이 행성의 밀도가 지구보다 작다는 것을 의미한다. 연구팀에 의하면 트라피스트 1d의 경우엔 행성의 5%가 물로 구성되어 있다고 한다. 지구의 경우엔 표면의 70%가 물이지만 지구 질량에서 물이 차지하는 비율은 0.1%도 되지 않는다. 따라서 연구팀의 추측이 맞다면 트라피스트 1d는 딱딱한 표면 대신 전부 바다로만 이뤄진 바다행성일 수도 있다. 지구에서 물을 생명의 기원으로 여긴다는 점을 감안했을 때, 외계생명체가 존재할 가능성이 높은 외계행성이라고 볼 수 있다.

트라피스트 1d의 이미지를 떠올리자면 영화 〈인터스텔라〉에 나오는 첫 번째 행성이 생각나는데 영화에서는 내용의 진행을 위해서인지 바다행성을 깊이가 깊지 않은 바다로 묘사했다. 하지만 실제 바다행성은 표면 전체가 마리아나 해구보다 깊은 심해로 이뤄져 있기 때문에 영화처럼 우주선을 착륙시켜서 걸어 다니는 대신 거대한 배를 만들어서 항해하거나 잠수함으로 탐사해야 탐사가 가능할 것이다.

트라피스트 1e 역시 골디락스 존에 위치한 외계행성이다. 2018년 추가로 관측된 정보에 의하면 이 행성의 질량은 지구보다 작지만 밀도가 지구와 유사하다. 지구보다 작은데 밀도가 높다는 것은 철과 같이 무거운 원소가 많이 포함된 암석형 행성임을 시사한다. 태양계에서 수성도 지구보다 훨씬 작은 질량을 가졌지만 거대한 철 성분의 핵 덕분에 밀도는 상당히 높은 편에 속한다. 만약 트라피스트 1e 대기의 온난화 효과가 지구와 비슷하다면 지구보다는 살짝 춥고 화성보다는 따뜻한 온도일 가능성이 높다. 이 경우 행성의 상태는 7개의 행성 중에서 지구와 가장 유사할 것으로 보인다.

실제로 과학자들도 행성 트라피스트 1e가 지구와 가장 비슷한 바다

지구와 환경이 가장 비슷할 것으로 추측되는 트라피스트 1e의 상상도

행성이며 생명체 거주 가능성을 염두에 둘 때 연구 대상으로서 가장 탁월한 선택이 될 천체라고 주장했다.

　트라피스트 1f~트라피스트 1h까지의 3개 행성은 모항성으로부터 받는 에너지가 화성보다 적기 때문에 물이 액체로 존재할 수 있다고 보기에는 무리가 있다. 하지만 관측 자료에 의하면 이들 모두에 물이 존재하는 것으로 나타나는데, 실제로는 얼음 상태로 존재할 것으로 유추된다. 관측 자료에서 휘발성 대기가 있을 것으로 확인되었다는 것으로 보아 이 3개의 행성은 지구와 화성 같은 느낌보다는 오히려 토성의 위성 중 타이탄과 비슷한 상태이지 않을까 싶다. 트라피스트 1h가 모항성으로부터 받는 실제 에너지양은 거리상 토성이 태양으로부터 받는 에너지와 비슷할 것으로 생각되기 때문이다.

트라피스트 1 항성계는 많은 과학적 상상을 하기에 좋은 항성계다. 만약 이곳에 인간 같은 지적 생명체가 존재하고, 3개의 행성 모두 이 생명체가 살기 적당한 환경을 가지고 있다면, 이들은 우리에 비해 매우 쉽게 행성 간 여행을 하는 종으로 진화할 수 있을 것이다. 가장 가까운 행성들끼리는 그 거리가 지구와 달 사이의 2배가 채 되고, 공전주기도 짧은 편이라, 행성 간 이동이 비교적 쉽게 가능할 것이다. 지구의 경우에는 화성으로 이동할 수 있는 시기가 1.5년에 한 번뿐인 걸 생각하면 행성 간 여행을 하기에 굉장히 좋은 위치에 있다고 볼 수 있다.

게다가 적색왜성은 우주에서 수명이 가장 긴 별에 속하기 때문에 이

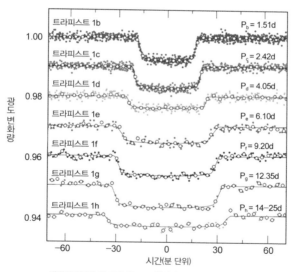

케플러가 관측한 트라피스트 1 항성계의 관측 데이터 그래프
세로의 숫자가 트라피스트 1의 밝기를 나타낸다. 각 외계행성이 트라피스트 1 앞으로 지나가면 밝기가 각 외계행성에 가려서 아주 약간 어두워진다.

곳에 존재하는 생명체들은 수백억 년에서 수조 년 동안 행성계를 떠나지 않아도 될 것이다.

트라피스트 1 항성계의 행성들은 모두 조석 고정 상태다. 너무 가까운 공전궤도 때문에 일어나는 현상으로 지구에서는 달에서 그 현상을 볼 수 있다. 달은 항상 같은 면이 지구를 바라본다. 지구의 질량이 더 크기 때문에 달의 공전주기와 자전주기가 일치하게 되면서 나타나는 현상이다. 마찬가지로 트라피스트 1 항성계 역시 너무 가까이서 돌고 있는 행성들의 특징 덕분에 모두 조석 고정이 되었을 것으로 추정된다. 이 경우 행성의 한쪽은 너무 덥고 한쪽은 너무 추워서, 그 경계선에 생명체가 존재할 수는 있을지라도 살기에 좋지는 않을 것이다.

또한 플레어와 자외선 에너지가 너무 강해서 지구 생명체 기준으로는 살기 힘들 수 있다. 강력한 플레어로 지금까지 엄청난 양의 물을 잃었을 수 있지만 그럼에도 아직까지 물의 존재가 확인되는 걸로 미루어 보아 항성계 생성 초기부터 상당한 양의 물을 가지고 있던 항성계일 수 있다.

최근 적색왜성에 관한 연구에 의하면 적색왜성에 있는 행성들의 방사능 피폭량은 지구 생명체들은 감당을 못하는 수준이라고 한다. 이를 고려하면 이곳에 생명체가 존재하기 위해서는 강력한 방사선도 버틸 수 있어야 가능할 것이다. 바퀴벌레보다 방사능을 잘 버텨야 한다는 점에서, 아름답긴 해도 딱히 방문해보고 싶은 항성계는 아니다.

골디락스 존에 행성이 2개, 케플러 62 항성계

케플러 62는 앞서 이야기했던 케플러 90처럼 케플러 우주망원경에 의해서 외계행성이 발견되기 전까지는 별다른 주목을 받지 못한 평범한 별이었다. 별도의 이름은 존재하지 않고 2MASS^{Two-Micron All-Sky Survey} 카탈로그에 시리얼 번호 2MASS J18525105+4520595로 등록되어 있었으며, 케플러 인풋 카탈로그(케플러 망원경의 관측 범위 안에 있는 항성들을 모아놓은 표) 상에는 KIC 9002278이라는 번호를 가진 별이었다. 태양계로부터 1,200광년 떨어진 분광형 K2로, 태양보다 조금 작은 주계열성이다. 거리도 멀고 별다른 특징이 없어서 딱히 주목받을 일이 없던 항성이었다.

하지만 케플러 미션이 시작된 이후 케플러 우주망원경의 관측 범위의 속하는 별이 되었고, 2013년 통과관측법으로 새로운 외계행성이 발견되면서 주목을 받게 되었다. 이 항성계가 재미있는 건 발견된 5개의 외계행성 모두 지구와 비슷한 암석형 행성이라는 것이다. 5개의 행성 중 3개가 일명 슈퍼지구형 행성으로 분류되는 행성들로, 행성들의 크기나 궤도를 태양계와 비교해보면 마치 태양계 내행성계 같은 느낌이 든다.

이 항성계에는 무려 2개의 외계행성이 물이 액체로 존재할 수 있는 골디락스 존을 돌고 있다. 일단 가장 가까운 케플러 62b, 케플러 62c, 케플러 62d부터 설명하면, 케플러 62b와 케플러 62c는 태양과 수성 사이의 거리보다 가까운 거리에서 항성에 바짝 붙어서 공전 중이다. 케플

우리 은하

케플러 우주망원경의 관측 범위
(3천 광년)

궁수자리의 팔

태양

오리온의 팔

페르세우스의 팔

우리 은하에서 케플러 우주망원경이 관측하는 범위를 표현한 그림
케플러 우주망원경은 특정 방향으로 3천 광년 거리만 관측이 가능하다.

러 62c의 경우 항성으로부터 받는 에너지양은 수성보다 조금 더 많을 것으로 보이고 크기는 화성 정도다. 천문학자들은 수성과 굉장히 비슷한 상태일 것이라고 예상하고 있다. 케플러 62d의 경우엔 발견된 5개의 행성 중 가장 큰데, 이 역시 너무나 항성에서 가까워서 뜨거운 상태일 것이다.

케플러 62e는 모항성으로부터 받는 에너지양이 금성보다 조금 적고 물이 액체로 존재할 수 있는 골디락스 존의 안쪽을 돌고 있다. 질량은 지구의 약 4.5배로 슈퍼지구형 행성으로 추정된다. 하지만 70년

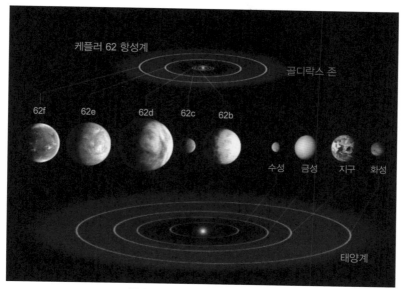

케플러 62 항성계

골디락스 존

62f   62e   62d   62c   62b

수성   금성   지구   화성

태양계

케플러 62 항성계와 태양계 행성의 궤도 비교

전까지만 해도 금성에 열대우림이 있고 공룡 같은 생명체가 살 수 있는 낙원이라고 생각했으나 실제 탐사에서 섭씨 450도, 100기압에 달하는 불지옥이라는 게 밝혀졌던 것처럼, 골디락스 존에 있다고 하더라도 알베도Albedo, 지구가 반사하는 태양광선의 비율에 따라서 실제 행성의 온도는 전혀 예상 밖의 상태일 수 있다. 또한 지구 질량의 4.5배에 달하는 슈퍼지구는 대기를 가둬두는 중력이 강해서 온실효과가 일어날 가능성이 훨씬 높아 실제로 금성과 비슷한 상태의 외계행성일 수도 있다.

이 항성계에서 가장 주목받는 행성은 케플러 62f로, 외계행성 중 가

물이 액체로 존재할 것으로 예상되는 케플러 62e의 상상도

장 먼 궤도에서 돌고 있다. 대략 0.72AU에서 돌고 있을 것으로 생각되는데, 항성이 태양보다 조금 작다는 것을 고려했을 때 케플러 62f가 항성으로부터 받는 에너지양은 지구와 굉장히 비슷할 것이다. 또한 지구질량의 2.8배 정도의 암석형 행성으로 이 항성계에서 외계생명체가 존재한다면 케플러 62f에서 발견될 확률이 가장 높다.

물론 1,200광년 거리에 있는 외계행성의 대기 상태가 정확히 연구되진 않았기 때문에 여기 있는 상상도는 모두 궤도와 행성 크기, 복사온도 등을 고려해서 과학자들의 상상으로 만든 이미지일 뿐 실제 모습은 전혀 다를 수도 있다.

케플러 62와 트라피스트 1 같은 항성계들에서 외계행성이 다수 발견된 건 운이 좋았기 때문이다. 이런 항성계들은 지구에서 관측했을 때

케플러 62f의 상상도. 이 행성 역시 물이 존재할 것으로 예상된다.

행성들이 모두 모항성과 지구 사이를 지나가는 궤도면을 가지는데 이렇게 궤도 경사각이 태양계 방향을 가진 항성들에서는 통과관측법에 의해 굉장히 높은 확률로 다수의 외계행성들이 발견되곤 한다. 어쩌면 외계행성이 발견되지 않은 항성계들은 외계행성들이 존재는 하지만 궤도 경사각이 태양계 방향을 향하지 않아서 우리의 현재 관측 기술로 발견하지 못하고 있는 것뿐일 수도 있다. 이렇게 생각하면 우주에는 지구 같은 행성이 정말 흔할지도 모른다.

6장

지구와 가까운
항성계들

우주로 여행을 가거나 다른 행성으로 이주를 할 수 있을까?

일론 머스크 테슬라 CEO의 또 다른 회사 스페이스X는 재사용 로켓으로 화제를 모았다. 돈이 많이 들고 소모적인 로켓의 단점을 극복할 수 있는 대안으로서 재사용 로켓은 로켓 사업의 혁신이라고 할 수 있었다.

그렇다면 로켓은 왜 이렇게 소모적인 걸까? 우주 공간에 물체를 띄우기 위해서는 궤도 속도를 달성해야 하는데 그 이유는 바로 중력 때문이다.

만약 로켓을 지표면에서 수직으로 쏘아 올린다면 로켓은 위로만 날아가다가 언젠가는 다시 지표면으로 떨어지게 될 것이다. 따라서 로켓이 지구를 돌게 하려면 지구로 떨어져도 지표면에 닿을 수 없는 상태로 만들어야 한다. 그 예시가 바로 달이다. 달은 계속 지구로 떨어지고 있지만 지구로부터 40만 킬로미터에 달하는 높은 고도에 있고 수평 방향으로도 빠른 상대속도를 가지고 있어서 아무리 떨어져도 그사이 옆으로 더 이동했기 때문에 지구의 지표면에 부딪히지 못한다. 그 결과 계속 지구를 돌게 되는 것이다. 이렇게 수평속도가 일정 속도를 넘어서면 지표면에 부딪히지 않고 계속 궤도를 돌게 되는데 이를 궤도속도라고 한다.

국제우주정거장이 있는 저궤도에서의 궤도속도는 시속 약 2만 7천 킬로미터다. 이는 마하 22에 달하는 엄청난 속도로, 이 속도를 달성하기 위해서는 그에 맞먹는 에너지가 필요하다. 그러려면 막대한 연료가 필요하고 이는 결국 로켓을 무겁게 만든다.

국제우주정거장(ISS)

로켓이 무거워지면 더 많은 에너지가 필요하고 또 그 에너지를 위해 연료가 필요하다. 결국 궤도에 진입하기 위해 로켓은 계속 커진다. 과거 냉전시대에 이 문제를 해결하기 위해 소련과 미국이 사용했던 방법은 다단식 로켓이었다. 로켓을 2단, 3단으로 만들어서 일정 고도에 도달하면 가장 무거운 1단을 버리고 가벼워진 상태에서 가속을 해서 궤도속도를 달성하는 것이다.

이런 방법으로 결국 인류는 최초의 인공위성 스푸트니크 1호를 궤도에 올릴 수 있었다. 훨씬 더 로켓의 덩치를 키워서 만든 새턴 V 로켓은 무려 118톤의 저궤도 페이로드(로켓이 지구 저궤도까지 운송할 수 있는 화물의 무게)를 달성하게 되었다. 118톤이 저궤도 페이로드라는 것은 엄청난 일이다. 대한민국에서 발사한 첫 번째 로켓인 나로호의 무게가 140톤인 점을 고려하면 거의 나로호에 맞먹는 로켓 한 대를 우주 공간에 올려놓은 것으로, 현재까지도 강력한 인류 최대의 로켓이다. 이렇게 어마어마한 무게를 우주에 올려놓을 수 있다는 것은 달까지 갔다가 다시 돌아올 수 있는 로켓을 달로 운반할 수 있다는 것이었다. 새턴 V 로켓 덕분에 인류는 역사상 최초로 달에 발을 딛게 되었고, 아폴로 프로젝트에 의해 여섯 번이나 달에 착륙할 수 있었다.

그럼에도 불구하고 이 방식은 매우 소모적이었고 거대한 로켓이 우주로 나갔다가 돌아오는 건 겨우 1톤도 안되는 작은 사령선임을 생각하면 너무 비효율적이었다. 하지만 최근 스페이스X에서 재사용 로켓을 만들면서 기존에는 분리되어 버려졌던 로켓의 1단이 지표면에 착륙해서 재사용이 가능해지면서 일반인이 우주여행을 할 수 있는 시대도 머지않아 가능할 것으로 보인다.

재사용 기술이 좀 더 검증되고 안전해지면 가격은 더 경제적으로 바뀔 것이고, 민간 우주여행이 상용화되어 많은 사람들이 이용하기 시작하면 규모의 경제에 의해서 가격은 더 내려갈 것이다. 그래서 언젠가 인류는 지구 저궤도를 넘어서 여름휴가 때 달까지 여행을 갔다 올 수도 있고, 3년 동안 화성으로 장기 여행을 떠날 수도 있게 될 것이다.

안타까운 것은 달이나 화성으로 여행을 간다고 하더라도 그곳에 우리가 이주할 수 있는 행성은 없다.

달은 대기가 없어서 매우 척박하고, 화성은 대기가 존재하지만 지구의 1%도 안 되는 낮은 밀도의 대기만 존재할 뿐이다. 더 멀리 간다고 하더라도 금성이나 수성은 인간이 살기에는 너무 가혹하고, 목성이나 토성의 위성으로 가기엔 매우 춥다. 따라서 인류가 살 수 있는 외계행성을 찾고자 한다면 가까운 별부터 찾아야 한다.

SF 단골손님, 알파 센타우리 항성계

태양계로부터 두 번째로 가까운 곳에 위치한 별은 밤하늘의 별자리 중 초여름에 볼 수 있는 센타우르스자리의 가장 밝은 별, 알파 센타우리다.

이 별은 밤하늘에서 세 번째로 밝은 별로 우리 눈에는 1개의 별로 보

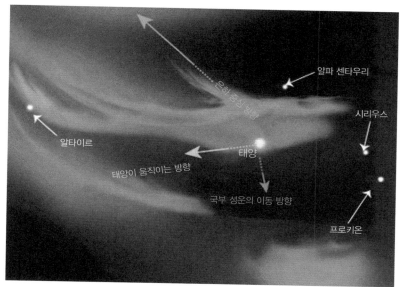

우주 공간에서 태양과 태양 주변에 존재하는 항성들

이는데, 실제로는 2개의 별이 16AU 거리에서 돌고 있는 쌍성계다.

알파 센타우리의 2개의 항성은 모두 태양과 비슷한 크기로 알파 센타우리 A와 알파 센타우리 B로 불린다. 알파 센타우리 A는 태양 질량의 1.1배로 태양보다 약간 크며, 알파 센타우리 B 또한 태양 질량의 0.9배 정도로 태양보다 약간 작다.

알파 센타우리 항성계는 지구에서 가깝다는 이유로 수많은 SF소설과 영화, 게임에서 단골로 등장하는데, 2009년 개봉한 영화 〈아바타〉는 미래의 알파 센타우리의 외계행성을 배경으로 인간과 나비족의 이야기를 다루고 있다.

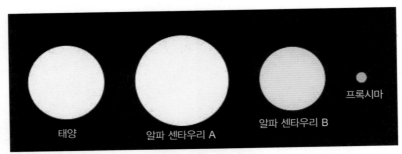

알파 센타우리와 태양의 크기 비교

　영화에서는 알파 센타우리 A 항성의 골디락스 존에 목성보다 큰 거대 가스행성이 존재하고 이 가스행성을 돌고 있는 판도라 위성이 나온다. 이 위성은 크기나 중력은 화성과 비슷하면서 대기압은 지구보다 높아서, 공기 역학적으로 훨씬 더 무거운 물체가 쉽게 날아다닐 수 있다. 그래서 지구에서는 상상도 못 할 크기의 새들이 하늘을 날아다니고 사람이 새를 타고 다닐 수도 있는 것이다. 또한 알파 센타우리 B가 16AU 거리에서 모항성과 서로 공전 중이기 때문에 한밤중에도 그렇게 어둡지 않다.

　그렇다면 현실에서 알파 센타우리 항성계에 실제 판도라 같은 외계행성은 존재할까?

　최초로 외계행성이 발견된 순간부터 알파 센타우리에 외계행성이 존재하는가는 초미의 관심사였다. 태양계에서 두 번째로 가까운 별이기도 했고 항성의 크기가 태양과도 유사했기 때문이다. 게다가 알파 센타우리 항성계의 고유 운동 속도는 태양계와 가까워지는 방향을 향하고

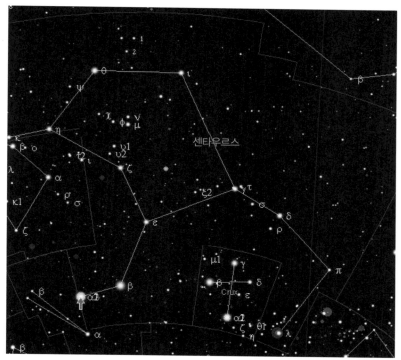

밤하늘에 보이는 센타우르스자리
왼쪽 아래 화살표가 가리키는 별이 센타우르스자리의 알파 별이다.

있어서 약 2만 8천 년 후 태양계와 알파 센타우리 항성계는 매우 가까워질 예정이다.

2011년까지 천문학자들의 노력에도 불구하고 알파 센타우리 항성계에서 외계행성은 발견되지 않았다. 알파 센타우리 A와 알파 센타우리 B가 너무 애매한 거리인 16AU 거리에서 서로 공전하기 때문이다. 항성에서 1AU 떨어진 위치에서 두 항성 중 하나의 항성을 도는 행성이 있어

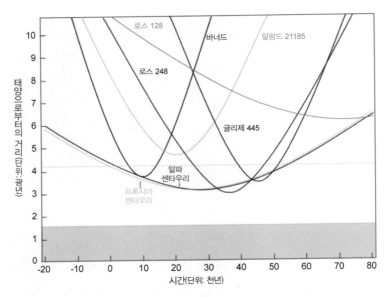

로스 128

바너드

랄랑드 21185

로스 248

글리제 445

알파
센타우리

프록시마
센타우리

태양으로부터의 거리(단위:광년)

시간(단위: 천년)

우주에 존재하는 모든 것은 움직이고 있다. 그림은 지구로부터 가장 가까운 별들과 그 별들이 미래에 얼마나 가까워지고 멀어지는지 보여준다. 예를 들어 알파 센타우리는 약 2만 8천 년 뒤까지 지구와 점점 가까워져 거의 3광년 거리까지 근접하지만 그 이후로는 멀어지게 된다.

야 골디락스 존에 위치한 외계행성이 될 수 있는데, 주변에 거대한 항성이 돌고 있기 때문에 다른 항성의 중력 간섭이 있었다. 컴퓨터 시뮬레이션 결과 골디락스 존에서 안정적인 궤도를 유지하긴 쉽지 않아 보였다. 알파 센타우리 B로부터 1.1AU에 외계행성이 위치해 있다면 안정적인 궤도가 가능할 것이라고 밝혀졌으나, 그보다 두 항성에 매우 인접한 거대 가스행성이 훨씬 안정적인 궤도를 유지하고 있었다. 계속된 관측으로 알파 센타우리 항성계에 외계행성의 존재가 의심된다는 데이터는 몇 번 나왔지만 2011년까지 증거를 찾아내지 못했다.

그러던 중, 2012년에 드디어 알파 센타우리 항성계에서 외계행성이 발견되었다. 2011년까지만 해도 컴퓨터 시뮬레이션 결과 등으로 알파 센타우리 외계행성에 대해 천문학계의 시각이 회의적이었기 때문에 상당히 흥분될 만한 결과였다. 다만 조금 아쉬운 점은 이때 발견된 외계행성이 알파 센타우리 B 주변을 0.04AU 거리에서 공전하고 있는, 지구와 비슷한 크기의 암석형 행성이라는 것이었다.

태양을 공전하는 수성보다 훨씬 가까운 거리에서 모항성을 돌고 있기 때문에 이 외계행성의 온도는 무척 뜨거울 것이다. 하지만 이 위치에서 지구형 행성이 발견되었으므로 컴퓨터 시뮬레이션으로 예상했던 1.1AU 거리에 슈퍼지구가 있을 가능성도 배제할 수 없는 만큼 현재까

알파 센타우리 Bb 상상도

지도 많은 연구가 이뤄지고 있다.

지구에서 가까운 별 중 하나인데 아직까지 발견이 안 된 것은 결국 다른 외계행성이 없기 때문이 아니냐고 생각하는 독자분들이 계실지 모르지만, 알파 센타우리 A와 알파 센타우리 B 그리고 새로 발견된 외계행성의 공전궤도를 보면 궤도면이 태양계 방향을 지나지 않는다. 즉 케플러 우주망원경이 사용하는 통과관측법으로는 외계행성을 발견할 수 없다는 것이다. 이는 알파 센타우리 항성계에 지구만 한 행성들이 1AU 바깥 거리에 많이 있다고 하더라도 현재의 관측 기술로 쉽게 발견하기 어렵다는 의미다. 따라서 아직까지 발견되지 않았더라도 제2의 지구 같은 외계행성이 존재할 가능성은 충분히 있다.

사실 여기에서 실망하기엔 조금 이르다. 알파 센타우리 항성계 안에 항성이 또 있기 때문이다. 알파 센타우리가 2개의 항성이 서로 공전하고 있는 이중성계이기도 하지만, 두 별로부터 0.21광년 거리에 작은 적색왜성이 존재한다. 애매한 거리에 있어서 삼중성계로 보는 것이 맞냐는 논란이 있는 이 별은 프록시마 센타우리다.

프록시마 센타우리는 알파 센타우리 항성계와 함께 지구에서 가장 가까운 별이지만, 너무 어두워서 맨눈으로 보이지 않아 뒤늦게 발견되었다. 이 항성은 알파 센타우리를 돌고 있는 삼중성계로 보고 있으나 우연히 알파 센타우리 근처를 지나가다가 중력의 영향을 받아 포물선 궤도로 움직이고 있다는 주장도 있다. 만약 프록시마 센타우리가 알파 센타우리를 공전하고 있다면 공전주기는 최대 50만 년 가까이 될 것으로 생각된다. 태양에서 접근할 경우 알파 센타우리 A와 알파 센타우리 B보다 프록시마 센타우리가 좀 더 가깝지만, 사실상 차이는 불과 0.1광년도 안 되기 때문에 알파 센타우리 A와 알파 센타우리 B와 프록시마 센타우리 3개의 항성을 태양에서 가장 가까운 항성이라고 이야기한다.

프록시마 센타우리는 지름이 목성의 1.5배밖에 안 되는 굉장히 작은 적색왜성이다. 크기는 목성과 비슷하지만 밀도가 훨씬 높아서 목성 질량의 약 130배 정도나 되며, 태양 질량의 약 12.5%다. 만약 가까운 거리에서 공전하고 있는 외계행성이 있다면 지구와 비슷한 조건의 외계행성일 수 있다. 알파 센타우리와 마찬가지로 지구에서 가까운 항성이라는 점에서 외계행성을 발견하기 위해 많은 연구가 있었다. 프록시마 센타우리 항성계 역시 식현상으로 외계행성을 발견하기 힘든 공전궤도면을 가지고 있었기 때문에 2015년까지는 프록시마 센타우리에서 새로운 외계행성을 발견하지 못했다.

하지만 2016년 국제 천문학팀이 도플러 효과를 사용해서 프록시마 센타우리에서 외계행성을 발견했다. 새로 발견된 프록시마 센타우리b는 모항성으로부터 0.05AU 거리에서 모항성을 공전 중인 외계행성이었다. 너무 가까운 거리에서 공전 중이기 때문에 조석 고정 현상이 있을 것으로 보이지만, 프록시마 센타우리가 작은 적색왜성임을 생각하면 이 행성이 받는 에너지양은 지구와 비슷할 것으로 보인다.

이 행성은 지구보다 질량이 1.27배 정도 큰 지구형 외계행성이다. 모항성으로부터 받는 에너지양이 지구와 비슷할 것으로 추정되기 때문에 생

프록시마 센타우리b 상상도

명체가 존재할 가능성이 있다. 이곳에서의 1년은 지구 시간으로 11.2일에 불과한데, 모항성으로부터 너무 가까운 거리에서 공전하고 있어 공전주기가 11.2일밖에 되지 않기 때문이다. 또한 태양만큼 밝은 두 별알파 센타우리 A와 알파 센타우리 B로부터 불과 0.21광년 떨어져 있기때문에 알파 센타우리는 밤하늘에서 유난히 밝은 별로 보일 것이다. 이밝기는 지구에서 보이는 시리우스보다 수백 배 이상 밝을 것이어서, 지적 생명체가 존재한다면 다른 별들보다 수백 배나 밝은 이 두 별을 신이라고 생각할지도 모른다.

하지만 아쉽게도 2018년 추가 관측 결과 프록시마 센타우리b에는 안정적인 대기나 바다가 존재하지 않을 가능성이 높다는 데이터가 나왔다. 아무래도 프록시마 센타우리의 강력한 플레어의 영향으로 대기나 바다가 모두 증발했을 가능성이 있다. 프록시마 센타우리로부터 너무 가까운 거리에서 공전 중이기 때문에 생기는 현상으로 적색왜성의 골디락스 존에 있는 외계행성들에서는 생명체가 살기 어려울 것이라는 주장이 계속 제기되고 있다.

2019년 프록시마 센타우리에서 외계행성이 1개 더 발견되었다. 이번에 발견된 행성은 목성 같은 가스행성으로, 모항성에서 멀리 떨어져서 공전하고 있어서 굉장히 추울 것으로 생각된다. 하지만 프록시마 센타우리에서 암석형 행성과 가스형 행성이 모두 발견되면서 앞으로 더 많은 외계행성이 발견될 수 있다는 기대를 해볼 수 있다. 프록시마 센타우리와 알파 센타우리에서 많은 외계행성을 발견한다면 이들은 태양계에서 가장 가까운 별들이기 때문에 미래에 탐사선을 보낼 수도 있을지도 모른다.

현재로서는 아무리 가장 가까운 항성이라고 해도 4광년이 넘는 거리까지 우주선을 보낼 수는 없다. 하지만 이론상으로 광속의 수 퍼센트에 달하는 탐사선을 만드는 건 현재 우리가 알고 있는 물리법칙으로도 가능하고, 광속의 5%에 달하는 탐사선은 약 100년 동안 날아서 알파 센타우리 항성계에 도착할 수도 있다. 만약 그렇게 된다면 인류 역사상 최초의 태양계 밖 행성 탐사이며 지금까지 발견한 적 없는 매우 놀라운

프록시마 센타우리에서 발견된 두 개의 외계행성
사진의 왼쪽이 프록시마 센타우리a, 오른쪽이 두 번째 행성인 프록시마 센타우리b다.

발견을 할지도 모른다. 필자가 살아 있는 동안 이런 소식을 들을 가능성이 낮다는 것이 참 안타까울 따름이다.

밤하늘에서 가장 빠르게 움직이는 별, 바너드 항성

　　　　　　　　　　　　태양계에서 알파 센타우리 항성계 다음으로 가까운 항성은 바너드 별인데 아직까지 외계행성이 발견되지 않았다. 이 별은 태양계에서 알파 센타우리 항성계 다음으로 가까운 항성이고, 밤하늘에 있는 별들 중에서 매년 위치가 가장 크게 바뀌는 별이다. 태양계를 기준으로 엄청난 상대속도를 가지고 움직이는 별이기 때문에 바너드의 움직이는 별이라고도 불린다. 현재 태양계 방향으로 가까워지고 있으며 약 1만 년 후 태양계에 3.8광년 거리까지 접근하면서 알파 센타우리만큼 태양계에서 가까운 별이 될 예정이다. 1만 년 후에는 알파 센타우리 항성계도 3.6광년까지 접근하기 때문에 다른 항성을 탐사해보기 좋은 시기가 아닐까 생각한다.

　바너드 별에서 외계행성을 찾으려는 시도는 계속 있어 왔다. 최초의 외계행성이 발견되기도 전부터 바너드 별에서 외계행성으로 의심되는 데이터를 발견했다는 주장을 하는 과학자들은 계속 있었다. 하지만 후속 연구에서 해당 주장들은 전부 부정되었다. 이후 지속적으로 관측했지만 외계행성을 찾지 못하고 계속 안 좋은 소식만 들려왔다. 시선속도

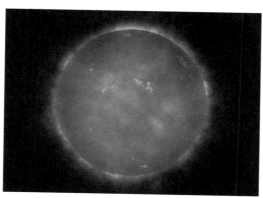

밤하늘에서 가장 빨리 움직이는 바너드 별
행성도 아닌 별이 천구상에서 움직임을 보여 바너드의 움직이는 별이라는 명칭도 얻었다.

법이나 통과관측법뿐 아니라 직접 관측 등 수많은 방법으로도 바너드 별에서 외계행성이 발견되지 않자, 이 데이터를 기반으로 바너드 별 주변에 물이 액체로 존재할 수 있는 궤도에서 지구 질량의 7.5배가 넘는 외계행성은 존재할 수 없다는 주장도 나왔다. 물론 지구 질량의 7.5배가 넘으면 가스행성에 가깝기 때문에 이보다 작은 행성은 아직도 존재할 가능성이 있다. 하지만 아직까지 새로운 외계행성을 발견했다는 소식은 없다.

최근 외계행성 후보 데이터가 발견된 볼프 359

볼프 359는 갈색왜성 같은 별을 제외하면 바너드 별 다음으로 가까운 별로, 이 별도 적색왜성이다. 거리는 지구로부터 약 7.9광년 떨어져 있고 시리우스와 비슷한 거리에 위치하고 있다. 갈색왜성을 제외하면 다섯 번째로 태양계에서 가까운 별이고 항성계로는 세 번째로 가깝기 때문에 볼프 359도 SF 작품에 자주 등장한다. 이 별에 대해서도 외계행성 탐사가 이뤄졌지만 쉽게 발견하지 못했다.

그러던 중 2019년 2개의 행성 후보가 발견되었다. 각각 암석행성과 가스행성으로, 두 행성 모두 모항성으로부터 매우 가까운 거리에서 공전하고 있는 것으로 보인다. 아직 검증 단계이며 외계행성의 존재가 확정된 것은 아니다.

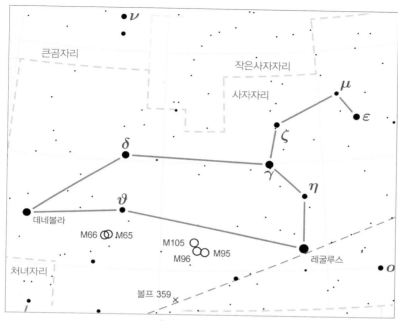

황도와 볼프 359의 위치

외계행성	질량	공전거리(AU)	공전주기(일)	궤도이심률
c	$3.8 \, {}^{+20}_{-16} M_\oplus$	0.018 ± 0.002	$2.686\,87 \, {}^{+0.000\,39}_{-0.000\,31}$	$0.15 \, {}^{+0.20}_{-0.15}$
b	$43.9 \, {}^{+29.5}_{-23.5} M_\oplus$	$1.845 \, {}^{+0.289}_{-0.258}$	2.938 ± 436	$0.04 \, {}^{+0.27}_{-0.04}$

볼프 359 항성계에서 발견된 외계행성들(항성으로부터 가까운 순서)

갓 태어난 아기별, 에리다누스자리 엡실론

적색왜성들을 제외하면 시리우스 다음으로 존재하는 항성은 에리다누스자리에 있는 엡실론 별이다. 적색왜성 이상 크기의 모든 별을 포함해서 태양계에서 아홉 번째로 가까운 별이고 항성계 중 일곱 번째로 가까운 항성계다. 그리고 우리가 맨눈으로 볼 수 있는 항성들 중 세 번째로 가까운 항성이다. 맨눈으로 볼 수 있는 항성 중 가장 가까운 별은 알파 센타우리 A와 알파 센타우리 B이고, 두 번째로 가까운 별은 시리우스이기 때문이다.

태양과 비슷하지만 태양보다 아주 조금 작은 이 별은 분광형은 K2로 약간 주황색을 띤다. 태양계로부터 약 10.5광년 떨어져 있는데, 크기는 태양과 굉장히 비슷하다. 재미있는 건 이 항성계에 먼지 디스크가 발견되었다는 것이다.

먼지 디스크는 굉장히 작은 천체들이 항성을 돌고 있는 '소행성 띠'라고 생각하면 된다. 이런 먼지 디스크에 있는 물질들이 합쳐져서 행성이나 소행성, 혜성 같은 천체를 형성할 수도 있다. 이 에리다누스 엡실론 항성계는 지구에서도 관측이 될 정도로 두꺼운 먼지 디스크 띠를 지니고 있는데, 생긴 지 불과 5억~10억 년밖에 안 된 신생아로 아직 행성이나 소행성이 생겨나는 중이라고 볼 수 있다.

2000년, 아티 하체스Artie Hatzes 연구팀에 의해 에리다누스자리 엡실론 b라는 외계행성이 에리다누스자리 주변에서 발견되었다. 이 외계행성은 목성 크기의 가스행성이고 거리도 3.3AU로, 모항성으로부터 목성과

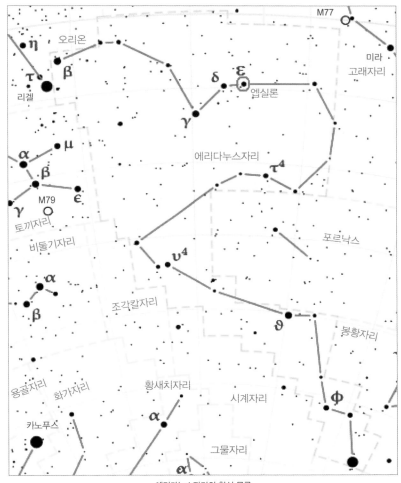

M77

η

오리온

τ

β

리겔

δ ε
엡실론

미라

고래자리

γ

α

μ

에리다누스자리

τ⁴

β

ε

γ

M79

포르낙스

토끼자리

비둘기자리

υ⁴

α

조각칼자리

β

ϑ

봉황자리

용골자리

화가자리

황새치자리

시계자리

φ

α

카노푸스

그물자리

α

에리다누스자리의 항성 목록
윗쪽에 빨간 동그라미로 표시된 별이 엡실론이다.

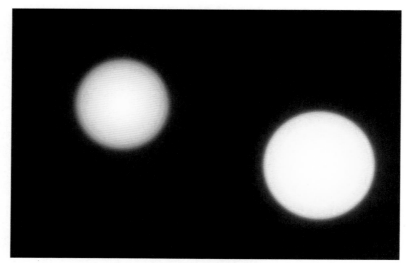

에리다누스자리 엡실론(왼쪽)과 태양(오른쪽)의 크기 비교

비슷한 수준의 에너지를 받을 것으로 추측된다. 이 항성계의 궤도 경사 각은 태양계 방향을 향하지 않아서 통과관측법으로는 행성을 발견하기 힘들다는 것을 고려하면 에리다누스자리 엡실론b보다 안쪽 궤도에 지구 같은 행성이 존재할 가능성은 여전히 남아 있다.

또한 훨씬 먼 궤도인 40AU 거리에서 해왕성보다 조금 작은 에리다누스자리 엡실론c라는 외계행성의 존재가 예측되었지만 아직까지 검증이 되진 않은 상태다. 만약 이 항성계에 생명체가 생겨나기 좋은 조건의 행성이 존재한다고 하더라도, 에리다누스자리 엡실론이 태어난 지 5억 ~10억 년 내외라는 점을 고려해보면 아직 생명체가 생기기 전일 가능성이 높다.

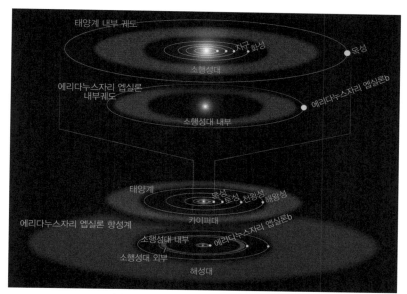

태양계와 에리다누스자리 엡실론 항성계를 비교한 그림

　현재까지 10광년 이내의 태양계 근처 항성계에서 발견된 외계행성은 이것이 전부다. 에리다누스자리 엡실론 다음으로 가까운 별들부터는 외계행성이 너무 많아지기 때문에 10광년 이내의 별들에서 발견된 외계행성을 소개해보았다.

　아직까지 시리우스와 바너드에서 외계행성의 존재는 확인되지 않았지만, 그래도 대부분 외계행성이 발견되었고 이런 관측 사실로 알 수 있는 것은 항성계에 외계행성이 굉장히 흔하다는 것이다. 태양계로부터 가장 가까운 7개의 항성계 중 바너드와 시리우스를 제외한 모든 항성계에서 외계행성이 발견되었다는 사실이 의미하는 건 최소한 밤하늘에 있는 별들 중 상당수는 외계행성을 지니고 있다는 것이다.

우리 은하에는 무려 4천억 개의 항성이 존재한다는 걸 생각해보면 우리 은하에 있는 외계행성의 수는 최소한 4천억 개 이상이 될 것이다.

저마다 다른 하늘의 모습을 가진 세상이 얼마나 많이 존재하는 걸까? 사뭇 궁금해진다.

7장

외계행성 관측의 한계와
탐사의 미래

지구 같은 행성은 얼마나 흔할까?

불과 30년 전만 해도 우리가 알고 있는 외계행성은 전무했기 때문에 외계인은커녕 지구 같은 행성이 존재할 수 있는지조차 과학적으로 논의하기란 불가능했다. 하지만 2019년까지 케플러 우주망원경이 수천 개에 달하는 외계행성들을 찾아내면서, 이제 우리는 표본 추출법으로 우주에 지구 같은 행성이 얼마나 많이 존재할 수 있는지 추측할 수 있게 되었다.

표본 추출법은 전체 집단에 대한 어떤 정보 등을 얻기 위해서 일부를 추출해 조사하는 방법이다. 예를 들어 대통령 선거를 할 때 출구조사를 해서 어떤 후보가 얼마만큼의 표를 얻을지 예측한 데이터는 실제 전 국민이 투표한 데이터와 크게 차이가 나지 않는다. 투표를 한 모든 사람에게 직접 질문하지도 않았는데 어떻게 그렇게 정확하게 투표율을 예측할 수 있는지 신기하다는 생각이 들기도 할 것이다. 이때 사용하는 것이 표본 추출법이다. 지역과 연령대에 맞춰서 적당한 표본의 사람에게만 데이터를 모으면 전체의 데이터를 알 수 있다.

마치 공원의 잔디가 몇 개인지 추측하는 것과 비슷하다. 만약 공원의 넓이가 1,000제곱미터인 공원이 있다면, 0.01제곱미터 면적의 잔디 개수만 세도 공원에 잔디가 대략 몇 개인지 추측할 수 있다. 0.01제곱미터 면적에서 나온 잔디 개수에 10만을 곱하면 공원 전체의 잔디 개수가 나오기 때문이다. 표본 추출을 위해서는 어느 정도의 유의미한 데이터를 모아야 한다. 따라서 외계행성은 현재 약 4,500개가 발견되었는데, 표본 추출법으로 우리 은하에 지구 같은 외계행성이 얼마나 존재할지는 대략 예측할 수 있다.

2019년 에릭 포드Eric Ford 교수 연구팀은 케플러 우주망원경의 관측 데이터를 토대로 우리 은하에 지구 같은 외계행성이 얼마나 존재할지 시뮬레이션했다. 여기서 지구 크기의 외계행성 기준은 지구의 4분의 3에서 1.5배의 크기 사이에 외계행성으로 한정하고, 그런 행성이 태양 크기 별의 골디락스 존에서 공전할 가능성을 관찰했다. 연구팀은 낙관적인 관측으로 대략 25%의 확률로 이런 행성이 존재할 수 있다고 발표했다. 부정적인 관측으로도 33분의 1의 확률로 이런 외계행성이 존재한다는 것이다. 우리 은하에 항성이 약 4천억 개임을 고려하면 아무리 부정적으로 생각해도 약 120만 개의 지구 같은 행성이 우리 은하에 존재한다는 의미다.

이번 연구를 진행한 에릭 포드 교수는 "현재의 데이터로는 지구 같은 행성이 실제 지구와 비슷한 환경일지는 알 수 없지만, 이런 크기와 궤도를 가진 행성이 얼마나 자주 발견되는지 알게 된다면 외계행성 연구 방식을 최적화하고 앞으로 우주 프로젝트를 효율적으로 진행하는 데 큰 도움이 될 것이다"라고 말했다. 시뮬레이션을 통해 예측한 지구 같은 행성은 태양계 기준으로 금성과 화성 같은 행성도 포함되기 때문에, 120만 개의 행성이 모두 지구와 비슷한 환경을 지녔을 가능성은 없다. 하지만 우주에 우리 은하 같은 은하가 천억 개 존재한다는 걸 고려해보면 우주에 외계생명체는 흔할 수도 있다.

아직 생명체가 얼마나 흔한지 알 수 있는 표본 추출법은 없다. 지금까지 우주에서 지구 외에 생명체를 발견한 곳은 없기 때문이다. 하지만 그렇다고 해서 다른 행성에도 생명체가 없다고 주장하는 것은, 태평양 한가운데서 바닷물을 퍼 올렸을 때 거기에 물고기가 없다고 해서 태평양에는 물고기가 없다고 주장하는 것과 동일하다.

과학자들의 예상과 실제 행성의 상태는 전혀 다를 수 있다

현재 우리는 외계행성의 상태를 추정할 때 항성의 크기와 행성의 궤도, 크기 등을 종합적으로 고려해서 대략적인 행성의 물리조건을 추측한다. 이를 토대로 만들어진 외계행성 이미지는 모두 관측 데이터를 바탕으로 한 과학적인 추측이지만 실제의 모습은 전혀 다를 수 있다. 과거 금성 탐사의 역사가 이를 뒷받침해준다. 냉전 시기, 소련과 미국은 우주 개발을 두고 서로 경쟁했다. 1957년 우주 개발 경쟁 초창기에 소련은 카자흐스탄의 한 사막에서 인공위성 스푸트니크 1호를 세계 최초로 우주로 쏘아 보내는 기념비적 이정표를 달성했다. 인공위성을 발사할 수 있다는 것은 대륙간탄도미사일ICBM:InterContinental Ballistic Missile을 만들 수 있다는 것이었고, 이 미사일을 미국 본토로 날릴 수 있다는 소련 측 주장이 허풍이 아님이 증명된 셈이었다. 이 엄청난 사건에 전 세계는 경악했고 이에 충격을 받은 미국은 항공우주국, 일명 나사NASA를 만들었는데, 이를 '스푸트니크 쇼크'라고 부른다.

스푸트니크 쇼크는 미국과 소련 간 우주 개발 경쟁에 불을 지폈고, 이때부터 양국은 엄청난 비용을 지원해가면서 우주 개발에 박차를 가하게 된다. 소련은 최초의 인공위성을 발사한 데 이어서 최초로 개를 우주로 보냈을 뿐만 아니라 최초의 우주비행사를 우주로 보내는 등 승승장구했다. 그러나 결국엔 모두 아는 것처럼 미국이 완승을 거뒀다. 미국이 완승을 거둔 데는 자본주의와 사회주의니, 기술력이나 경제력 등 많은 요소의 차이가 복합적으로 작용했겠지만 그런 요소들은 필자가 잘 모르는 내용이라 제외하고, 개인적으로는 태양계 행성 탐사로 인한 타격도 매우 컸다고 생각한다.

1960년대 초에 인공위성을 달 궤도로 보내는 데 성공한 미국과 소련은 지구의 중력권을 넘어서 태양계 행성 탐사로 눈을 돌리게 된다. 그

세계 최초의 인공위성 스푸트니크 1호

런데 행성 탐사에서 소련은 금성을 선택했고 미국은 화성을 선택했다. 금성은 지구보다 기압이 100배 이상 높고 표면온도가 섭씨 450도까지 올라가는 불지옥인데, 소련은 대체 왜 그렇게 멍청해 보이는 선택을 한 걸까?

당시에는 금성의 상태를 알 수 없었기 때문에 많은 전문가들이 망원경으로 관측한 대기를 보고 금성의 표면 상태를 추측했기 때문이다. 그들은 금성을 지구보다 표면온도가 섭씨 20도 정도 높은 열대행성일 것이라고 예상했다. 금성이 지구보다 태양에 좀 더 가깝지만 태양으로부터 받는 에너지양은 물이 액체로 존재할 수 있는 수준이었고, 금성의 두터운 대기가 태양 빛을 반사해서 표면온도가 높아지는 것을 막아준 다고 생각했기 때문이다. 불행히도 이때는 온난화 효과를 잘 알지 못했 던 때였다.

소련은 탐사선 베네라 호를 만들어서 금성의 대기 진입을 시도했다. 하지만 금성 대기에 진입한 탐사선마다 원인 불명의 통신 두절 사태가 발생했고, 베네라 4호에 이르러서야 정상적으로 대기 진입에 성공했 다. 대기에 진입한 탐사선이 보내온 데이터는 충격적이었다. 지표면에 채 닿기도 전에 탐사선의 압력 게이지에서 보내오는 금성의 기압은 지 구의 수십 배까지 치솟았을 뿐 아니라 온도도 엄청나게 높았던 것이다. 탐사선은 당연히 그런 극한 조건을 견디도록 설계되어 있지 않아서 대 기에서 데이터를 전송하다가 통신이 두절되었다. 극한의 환경에서 결 국 고장 난 것이다.

소련은 이 탐사선의 데이터를 바탕으로 금성의 극단적인 상태를 알 게 되었고, 지구 기압의 100배 이상을 버티고 고온에서도 견딜 수 있는 탐사선 개발에 엄청난 투자를 한 뒤에야 베네라 7호를 금성 표면에 착 륙시킬 수 있었다. 그러나 베네라 7호가 보내온 금성의 데이터는 불지 옥 그 자체였다. 수성보다도 뜨거운 섭씨 450도의 온도와 지구의 100배 가 넘는 기압은 잠수함만큼 튼튼한 탐사선도 30분을 채 버티지 못하게 만들었다. 금성의 대기로 인해 태양 에너지가 대기 밖으로 빠져나가지 못하자, 온실효과로 인해 환경이 극단적으로 변한 것이었다. 이로 인해

베네라 13호가 촬영한 금성의 지표면

우리는 지구온난화의 영향을 알 수 있게 되었다. 금성의 대기가 대부분 이산화탄소라는 걸 생각해보면 현재 이산화탄소의 농도가 높아지는 지구의 온도가 매년 최고치를 경신하고 있다는 점에서 지구온난화의 심각성을 잘 알 수 있는 사례이기도 하다.

소련은 이후로도 베네라 16호까지 지속해서 탐사선을 보내면서 금성 탐사에 엄청난 투자를 했다. 소련이 해체될 때까지 베네라 실험선들을 포함해 금성 탐사 미션을 21회나 진행했다. 하지만 그렇게 해서 건진 건 우리에게 유명한, 아무것도 없는 황량한 금성의 지표면 사진이었다.

반면 미국에서는 화성 탐사가 진행되었는데, 화성에서는 과거에 흘렀던 물의 증거와 얼음을 발견하게 되었다. 이를 바탕으로 화성에 존재했을 수 있는 생명체를 탐사할 수 있게 되었다. 화성은 태양계에서 인류가 유일하게 거주 가능한 행성이라는 점에서 현재도 많은 주목을 받고 있다.

두 나라의 행성 탐사로 우리가 알게 된 것은 금성과 화성 모두 생명체가 살기에 충분한 에너지를 태양으로부터 공급받을 수 있는 골디락스 존에 위치한다는 것이다. 그리고 중요한 것은 같은 골디락스 존에 있는 행성이라 할지라도 실제 그 행성의 상태는 예측과 전혀 다를 수 있다는 것이다.

다시 말하면 지금까지 소개했던 외계행성의 실제 모습이 상상도와 다를 수 있고, 지구와 비슷한 조건이라고 추측했던 외계행성이 실제로는 극심한 온난화로 금성보다 끔찍한 상태가 되어 있을 수도 있다. 반대로 너무 추울 것이라고 생각했던 외계행성이 실제로는 온실효과로 인해 살기에 쾌적한 행성일 수도 있다.

외계행성 발견의 미래

시선속도법으로 새롭게 발견한 외계행성들은 그동안 우리가 상상도 할 수 없는 수많은 세계를 보여줬다. 외계행성이 발견되지 않았다면 우리는 뜨거운 목성이라는 듣도 보도 못한 행성을 상상하진 못했을 것이다. 몇몇 행성들은 철이나 알루미늄이 녹고 증발해서 구름을 만들고 비가 내릴 수 있을 정도로 극단적인 온도조건을 보이기도 한다. 더 놀라운 건 우주에서 발견된 이런 극단적인 천체들이 극소수만 존재하는 게 아니라 대다수가 이렇다는 것이다.

그 이유로 시선속도법의 한계를 들 수도 있겠지만, 확실한 건 우주에는 우리가 생각지도 못한 기괴한 외계행성들이 너무 많다는 것이다.

시선속도법으로는 주로 항성 가까이에서 공전하는 거대 가스행성을 발견하기 쉽다. 이런 한계를 극복하고자 나온 방법인 통과관측법은 외계행성 발견의 신세계를 열어주었다. 이 방법은 행성이 항성을 지날 때 빛의 밝기가 미세하게 어두워지는 순간을 잡아내는 것이다. 이때 지구의 대기가 관측에 영향을 미치는 것을 없애기 위해서 나사는 케플러 우주망원경을 만들어서 우주로 보냈고, 케플러 우주망원경은 수천 개의 외계행성을 찾아내기에 이른다.

사실 2009년에 발사된 케플러 우주망원경의 본래 미션 기간은 3.5년이었다. 하지만 예상외로 오래 작동하자 과학자들은 이 비싼 장비를 이용해서 계속 관측해왔다. 그러다 2013년 말 케플러 우주망원경의 자세를 고정해주는 리액션 휠이 고장 나게 되었고 케플러 미션은 종료될 위기에 처했다. 리액션 휠이 임무에서 중요한 이유는 케플러 우주망원경이 항성의 밝기 변화를 계속 추적하기 위해서 안정적인 자세로 한 곳을 정확히 바라볼 수 있어야 하기 때문이다. 총 4개의 리액션 휠을 탑재하고 있던 케플러 우주망원경은 최소 3개의 휠이 작동해야지만 안정적인 자세를 유지할 수 있었는데 2개가 고장 나면서 임무 종료 위기가 찾아왔다.

하지만 잔인한(?) 과학자들은 태양광의 압력을 사용해서 안정적인 자세를 유지하는 방법을 찾아내게 되었고, 2014년 본래의 미션에서 관측하던 영역과 다른 영역을 탐사하는 K2 미션을 진행하면서 수명이 훌쩍 넘은 케플러 우주망원경을 혹사시켰다.

그리하여 본래는 2012년에 임무가 종료되었어야 했던 케플러 우주망원경은 무려 2018년까지 버티면서 수천 개의 외계행성을 단독 발견했고, 이때까지 다른 모든 관측장비가 관측한 외계행성보다 더 많은 외계행성들을 발견해냈다. 수명의 3배 가까이 혹사되던 케플러 우주망원경은 결국 완전히 망가져 2018년에 발사된 테스TESS 망원경으로 교체되었다.

차세대 행성 사냥꾼으로 불리는 테스는 케플러 우주망원경보다 훨씬 넓은 범위를 관측할 수 있다. 2018년 7월부터 관측 임무를 진행하고 있는 테스는 현재까지 엄청난 숫자의 외계행성 후보군의 데이터를 보내오고 있다. 다만 아직까지 케플러 우주망원경이 찾은 외계행성이 훨씬 많은 이유는 외계행성의 발견이 확인되려면 행성이 항성 앞을 가로막는 식현상이 여러 번에 걸쳐서 관측되어야 하는데 이게 시간이 좀 걸리기 때문이다.

예를 들어 외계인이 지구를 통과관측법으로 찾아내려면 지구가 태양을 공전하는 주기가 1년에 한 번이기 때문에 최소 1년은 있어야 동일한 현상을 찾을 수 있다. 게다가 확실한 검증을 위해선 1년을 더 기다려서 밝기 감소가 동일하게 일어나는지를 확인해야 한다. 그래도 테스가 밝기가 감소하는 별을 찾아내는 속도는 케플러 우주망원경을 훨씬 앞지

케플러의 뒤를 이을 테스 우주망원경

르기 때문에 올해부터는 엄청난 속도로 외계행성이 발견되기 시작할 수도 있다.

사실 테스의 활약만으로 우리는 지금까지 발견한 것보다 훨씬 더 많은 외계행성을 찾을 가능성이 있다. 하지만 과학자들은 여기에서 더 나아가 테스의 뒤를 이을 미래의 외계행성 사냥꾼을 계획하고 있다.

하벡스HabEx라고 불리는 이 차세대 행성 사냥꾼의 목적은 발견한 외계행성에 실제 생명체가 살 수 있는지 알아내는 것이다. 정확히는 외계행성에서 나오는 흡수 스펙트럼을 직접 관측함으로써 외계행성에 대기가 존재하는지, 존재한다면 무슨 성분이 있는지 알아내고, 산소나 물, 이산화탄소, 질소 같은 화합물이 존재하는지 밝혀내는 것이다. 행성 생

하벡스 우주망원경의 상상도

성 시 높은 온도와 압력으로 산소는 여러 종류의 화합물로 결합하기 때문에, 대기에 산소가 존재한다면 그건 이산화탄소 같은 화합물을 광합성 작용을 통해서 산소로 환원하는 생명체가 존재한다는 증거가 될 수 있기 때문이다.

이렇게 외계행성의 대기 성분을 직접 알 수 있는 것은 항성 가림막이라는 특수한 장비를 탑재했기 때문이다. 하벡스는 항성 가림막으로 항성에서 나오는 빛을 가리고 외계행성에서 반사돼서 나오는 빛만 관측할 수 있다고 한다. 과학자들의 주장대로 이것이 실제 가능하고 테스 다음 망원경으로 발사된다면, 우리 세대에 외계생명체가 존재한다는 간접 증거를 찾는 날이 오게 될지도 모른다.

외계행성 탐사는 다른 과학 연구와는 달리 일반인에게도 호기심을 불러일으킨다. 우리가 살고 있는 이 세상이 밤하늘의 별들 중 하나에 불과하다는 건 생각만 해도 신기한 일이다.

　우주에서 우리는 얼마나 작은 존재인 것일까? 지구의 인류가 고작 우주 탐사선이 찍은 사진에서 1픽셀밖에 안 되는 크기 안에 모두 들어 있다. 그리고 아마도 우리는 앞으로도 계속 1픽셀 크기 안에서 살아갈 것이다. 우리가 외계행성을 찾기 힘든 것처럼 다른 별에서도 지구를 찾기 힘들 것이다.

　만약 외계생명체가 지구에서 가장 가까운 항성 중 하나인 알파 센타우리에 살고 있고 거기에서 인간이 지금껏 만든 가장 좋은 천체 망원경을 동원한다고 해도 지구를 발견하기는 어려울 것이다. 어쩌면 알파 센타우리에 외계인이 있고 그 외계인이 태양을 관측하고 있을지도 모를 일이다. 그리고 열심히 태양을 관측하던 외계인이 이렇게 이야기했을지도 모른다.

　"100년 동안 우리와 가까운 항성인 태양을 관찰했지만 8AU 거리에 있는 가스행성(목성) 이외에 다른 행성은 없는 것으로 보인다."